"十四五"职业教育国家规划教材

"十三五"高等院校
数字艺术精品课程规划教材

全彩慕课版

短视频制作实战

策划 拍摄 制作 运营

郭韬 主编／刘琴琴 副主编

U0265045

人民邮电出版社

北 京

图书在版编目（CIP）数据

短视频制作实战 策划 拍摄 制作 运营：全彩慕课
版 / 郭韬主编. -- 北京 ：人民邮电出版社，2020.9（2024.6重印）
"十三五"高等院校数字艺术精品课程规划教材
ISBN 978-7-115-53822-2

Ⅰ. ①短… Ⅱ. ①郭… Ⅲ. ①视频制作－高等学校－
教材 Ⅳ. ①TN948.4

中国版本图书馆CIP数据核字(2020)第062052号

内 容 提 要

　　本书全面系统地介绍了短视频的策划、拍摄、制作以及运营方法，包括短视频初识、人物写真短视频、生活技能短视频、旅拍 vlog 短视频、创意混剪短视频、宣传片短视频、产品广告短视频、短视频发布与推广等内容。

　　本书每章的基础知识解析部分带领读者深入学习短视频的基础内容和拍摄方法；案例制作部分包含详细的操作步骤，读者通过实际操作可以快速熟悉软件的功能并领会设计思路；第 2～7 章的最后还安排了课后习题，可以拓展读者的实际应用能力，使其顺利达到实战水平。

　　本书可作为高等院校、高职高专院校短视频相关课程的教材，也可作为初学者的自学参考用书。

◆ 主　　编　郭　韬
　　副 主 编　刘琴琴
　　责任编辑　桑　珊
　　责任印制　王　郁　马振武

◆ 人民邮电出版社出版发行　　北京市丰台区成寿寺路 11 号
　　邮编　100164　　电子邮件　315@ptpress.com.cn
　　网址　https://www.ptpress.com.cn
　　天津市银博印刷集团有限公司印刷

◆ 开本：787×1092　1/16
　　印张：13.75　　　　　　　　　2020 年 9 月第 1 版
　　字数：350 千字　　　　　　　 2024 年 6 月天津第 15 次印刷

定价：69.80 元
读者服务热线：(010)81055256　印装质量热线：(010)81055316
反盗版热线：(010)81055315
广告经营许可证：京东市监广登字 20170147 号

FOREWORD —————————— 前　言

短视频简介

短视频即短片视频，是互联网内容的重要传播形式。它在内容方面融合了生活技能、潮流时尚、搞笑逗趣、公益教育、新闻热点、街头采访、广告创意、商业宣传等主题。短视频具有时长短、成本低、传播快、参与性强等特点，深受广大互联网用户和从业人员的喜爱，已经成为当下设计领域内关注度非常高的内容传播形式。

作者团队简介

新架构互联网设计教育研究院由经验丰富的商业设计师和院校教授创立。本教育研究院立足数字艺术教育16年，出版图书270余种，畅销370万册，其中《中文版 Photoshop 基础培训教程》销量超30万册。每本书都具有海量的专业案例、丰富的配套资源、成熟的行业操作技巧、精准的核心内容、细腻的学习安排，不仅为学习者提供了足量的知识、实用的方法、有价值的经验，还为教师提供了包括课程标准、授课计划、教案、PPT、案例、视频、题库、实训项目等一站式的教学解决方案。

如何使用本书

Step1　精选基础知识，快速了解短视频的基础知识与推广方法

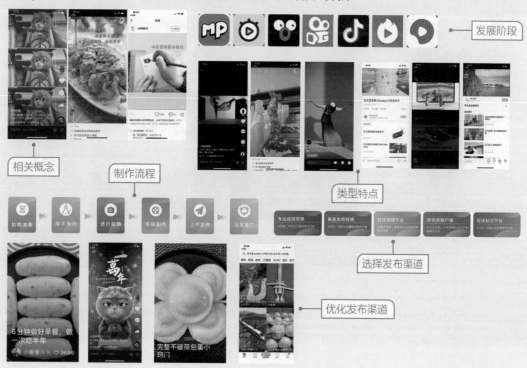

3.1.1 影响视频对焦的因素

当使用手机、单反等拍摄设备拍摄视频时，会存在因为对焦而形成的清晰度有差别的问题。本小节将重点讲解准确对焦要考虑的光圈、快门、感光度三种曝光元素，同时重点关注视频对焦时曝光的影响因素。

深入学习短视频基础知识和制作规范

1. 光圈

光圈是相机的"瞳孔"。放大或缩小光圈可以控制照射在感光元件上的光量。一般光圈的大小是指光圈孔的大小，称为"光圈值"。常见的光圈值有 f/1、f/1.4、f/2、f/2.8、f/4、f/5.6、f/8、f/11、f/16、f/22，单反或者微单设备中有 f/3.5、f/6.3 等光圈值。光圈值后面的数字越大，表示光圈越小，如图 3-1 所示。

图 3-1

3.2 制作期——制作"咖啡情调"短视频

使用"新建"和"导入"命令新建项目并导入视频素材，使用拖曳方法将序列匹配视频素材，使用"编辑"命令取消视频、音频链接，使用扩展编辑点剪辑项目素材，使用"效果"面板添加视频、音频过渡，使用"效果控件"面板编辑视频过渡并调整项目素材制作动画，使用"导出"命令导出视频文件。最终效果参看"Ch03/ 咖啡情调 / 咖啡情调 .prproj"，如图 3-29 所示。

了解知识要点

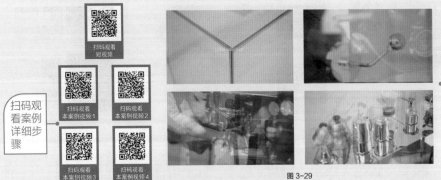

图 3-29

精选典型商业案例

扫码观看案例详细步骤

3.2.1 新建项目并导入素材

① 启动 Premiere Pro CC 2018 软件，弹出"开始"欢迎界面。单击"新建项目"按钮，弹出"新建项目"对话框，在"位置"选项中选择文件保存的路径，在"名称"文本框中输入文件名"咖啡情调"，如图 3-30 所示。单击"确定"按钮，进入软件工作界面。选择"文件 > 新建 > 序列"命令，弹出"新建序列"对话框，如图 3-31 所示。单击"确定"按钮，完成序列的创建。

步骤详解

② 选择"文件 > 导入"命令，弹出"导入"对话框，选择云盘中的"Ch02/ 咖啡情调 / 素材 / 01 ~ 40"文件，如图 3-32 所示。单击"打开"按钮，将视频文件导入"项目"面板中，如图 3-33 所示。

Step3　课后习题，拓展应用能力

3.3　课后习题

实践本章所学知识

1. 任务

拍摄与制作一条生活中的一个小窍门的应用短视频。

2. 任务要求

时长：2 分钟。

素材要求：不少于 20 条素材组合。

拍摄要求：应用手动对焦效果完成视频素材的拍摄，注意景深的控制。

制作要求：根据生活小窍门的应用技巧完成短视频的制作。

配套资源及其获取方式

● 所有案例的素材和最终效果文件。

● 案例操作视频（扫描书中二维码即可观看）。

● 全书 8 章的 PPT 课件。

● 教学大纲。

● 教学教案。

对于全书配套资源，读者可登录人邮教育社区（www.ryjiaoyu.com），在关于本书的页面中免费下载使用。

全书慕课视频的获取方式：登录人邮学院网站(www.rymooc.com) 或扫描封底的二维码，使用手机号码完成注册，在首页右上角单击"学习卡"选项，输入封底的刮刮卡中的激活码，即可在线观看全书的慕课视频。也可以使用手机扫描书中二维码在线观看视频。

教学指导

本书的参考学时为 64 学时，其中实训环节为 36 学时，各章的参考学时参见下面的学时分配表。

学时分配表

章	课程内容	学时分配（学时）	
		讲授	实训
第 1 章	短视频初识	2	
第 2 章	人物写真短视频	4	6
第 3 章	生活技能短视频	4	6
第 4 章	旅拍 vlog 短视频	4	6
第 5 章	创意混剪短视频	4	6
第 6 章	宣传片短视频	4	6
第 7 章	产品广告短视频	4	6
第 8 章	短视频发布与推广	2	
学时总计		28	36

本书约定

本书案例素材所在位置：章号 / 案例名 / 素材，如 Ch02/ 古风人物写真 / 素材 /01~18。

本书案例效果文件所在位置：章号 / 案例名，如 Ch02/ 古风人物写真 / 古风人物写真 . prproj。

本书全面贯彻党的二十大精神，以社会主义核心价值观为引领，传承中华优秀传统文化，坚定文化自信，使内容更好体现时代性、把握规律性、富于创造性。

本书由郭韬任主编，刘琴琴任副主编。感谢北京图图文化艺术交流有限公司的陈东生为本书提供了丰富的企业案例。由于作者水平有限，书中难免存在不妥之处，敬请广大读者批评指正。

课程介绍

编 者

2023 年 5 月

CONTENTS ——————————————— 目 录

CONTENTS ——————————— 目　录

第1章

短视频初识

01

▶ 本章介绍

随着移动设备的普及和互联网的发展，短视频逐渐成为互联网内容的重要传播形式，学习和掌握短视频的制作成为广大互联网从业人员需要具备的重要技能之一。本章将对短视频的概念、发展、特点、类型以及制作流程进行系统的讲解。通过对本章的学习，读者可以对短视频有一个宏观的认识，有助于高效便利地进行后续的短视频制作。

学习目标

- 了解短视频的概念。
- 了解短视频的发展。
- 了解短视频的特点。
- 了解短视频的类型。
- 掌握短视频的制作流程。

短视频初识

1.1 短视频的概念

短视频的概念

短视频即短片视频，又被称为微视频，是一种在互联网新媒体上进行内容传播的方式。其时长因不同平台的要求不同而有着从几秒到几分钟的变化，多控制在 5 分钟以内。图 1-1 所示的左侧为抖音短视频平台的用户发布的短视频，中间为快手平台的用户发布的短视频，右侧为美拍平台的用户发布的短视频。

图 1-1

1.2 短视频的发展

短视频的发展

国内短视频的发展可以大致分为开始、发展以及爆发 3 个阶段。

1.2.1 开始阶段

2013 ~ 2015 年是短视频的开始阶段，美拍、秒拍以及小咖秀等短视频平台逐渐进入公众的视野，被互联网用户接受。图 1-2 所示的左侧为美拍，中间为秒拍，右侧为小咖秀短视频。

图 1-2

1.2.2 发展阶段

2015 ~ 2017 年是短视频的发展阶段，这一阶段短视频的发展呈现出百花齐放之势，而各大互联网公司甚至电视、报纸等传统媒体亦纷纷开始在短视频领域中的竞逐争夺，其中以快手为代表的短视频平台发展最为迅猛。快手短视频 App 图标如图 1-3 所示。

图 1-3

1.2.3 爆发阶段

2017年至今是短视频的爆发阶段，其总播放量呈爆炸式增长。短视频的垂直细分模式也全面开启，后来居上的抖音短视频、火山小视频以及西瓜视频等不同短视频平台都旨在通过各自产品的特点来吸引不同的用户。图 1-4 所示的左侧为抖音短视频，中间为火山小视频，右侧为西瓜视频。

图 1-4

1.3　短视频的特点

短视频具有时长短、成本低、传播快、参与性强等特点，如图 1-5 所示。

时长短
内容时长短，用户可以利用碎片化时间快速进入、快速离开。

成本低
生产制作门槛低，流程简单便捷，其生产和传播的过程呈现碎片化。

传播快
传播速度快，拥有社交属性，甚至成为了用户进行社交的方式。

参与性强
参与性较强，生产者与消费者之间没有明确的分界线。

短视频的特点

图 1-5

1.4　短视频的类型

短视频从内容上可以分为人物写真短视频、生活技能短视频、旅拍 vlog 短视频、创意混剪短视频、宣传片短视频以及产品广告短视频等。

短视频的类型

1.4.1 人物写真短视频

人物写真短视频即以人为主要内容进行拍摄的短视频。这类视频的内容会使人物呈现出最真实或更多面的形象。人物写真短视频在传播时往往具有美观性和可看性，容易让用户产生代入感。图 1-6 所示的左侧为抖音短视频的用户发布的人物写真短视频，中间为快手的用户发布的人物写真短视频，右侧为美拍的用户发布的人物写真短视频。

图 1-6

1.4.2　生活技能短视频

生活技能短视频即分享日常生活技巧的短视频。这类视频的内容最为贴近用户生活。生活技能短视频随着短视频行业的发展，在移动互联网中被广泛传播。图 1-7 所示的左侧为火山小视频的用户发布的生活技能短视频，中间为快手的用户发布的生活技能短视频，右侧为抖音短视频的用户发布的生活技能短视频。

图 1-7

1.4.3　旅拍 vlog 短视频

旅拍 vlog 短视频即记录旅游中的沿途趣事及感受的短视频。这类视频的内容不仅能展现沿途美景，还能表现作者心情。旅拍 vlog 短视频深受文艺青年喜爱并被广泛传播。图 1-8 所示的左侧为 VUE 的用户发布的旅拍 vlog 短视频，中间为抖音短视频的用户发布的旅拍 vlog 短视频，右侧为马蜂窝旅游的用户发布的旅拍 vlog 短视频。

图 1-8

1.4.4　创意混剪短视频

创意混剪短视频即对多个影片进行创意剪接的短视频。这类视频的内容或出色震撼，或搞笑。创意混剪短视频拥有极大的魅力，深受广大年轻群体的喜爱。图 1-9 所示的左侧为腾讯视频发布的创意混剪短视频，中间为抖音短视频的用户发布的创意混剪短视频，右侧为优酷的用户发布的创意混剪短视频。

图 1-9

1.4.5　宣传片短视频

宣传片短视频即宣传企业风貌、活动内容或产品特色的短视频。这类视频的内容通常运用了电影、电视的表现手法，进行了高质量的制作。宣传片短视频的需求主要针对大中型企业。图 1-10 所示的左侧为梨视频的用户发布的宣传片短视频，中间为西瓜视频的用户发布的宣传片短视频，右侧为爱奇艺的用户发布的宣传片短视频。

图 1-10

1.4.6 产品广告短视频

产品广告短视频即对相关产品进行营销的短视频，这类视频通常制作精美、时长较短。产品广告短视频现已在京东、天猫以及淘宝等电商平台中普遍应用。图 1-11 所示的左侧为天猫中关于 ECCO 女靴的产品广告短视频，中间为苏宁易购中关于苹果 iPad Pro 的产品广告短视频，右侧为关于故宫气垫粉底霜的产品广告短视频。

图 1-11

1.5 短视频制作流程

短视频的制作流程可以分为前期准备、脚本策划、进行拍摄、剪辑制作、上传发布以及运营推广，如图 1-12 所示。

图 1-12

第2章

人物写真短视频

02

▶ **本章介绍**

    本章将详细讲解人物写真短视频的制作技巧。通过对本章的学习，读者能够了解短视频常用视频格式及其用途，掌握视频镜头的概念和景别与景别组的使用方法，学会人物写真短视频的制作方法。

学习目标

- 了解短视频常用视频格式及其用途。
- 掌握视频镜头的概念。
- 掌握景别与景别组的使用方法。
- 熟练掌握人物写真短视频的制作方法。

人物写真短
视频

2.1 拍摄期

本节重点讲解短视频常用的视频格式及其用途、短视频镜头的概念和景别与景别组的使用方法，为短视频的制作和处理提供帮助。

2.1.1 短视频常用视频格式及其用途

随着短视频在互联网的广泛传播，各大平台与应用端对短视频格式的应用标准也不尽相同。正确认识短视频的格式与应用范围，有助于读者在以后的拍摄和制作过程中更加灵活地转换短视频的格式。

短视频目前主要应用在 PC 端与移动端，因此短视频的视频格式也具备视频格式的基础，并且更注重压缩与传播的效率和图像质量。

下面对目前流行的短视频格式及其特点、用途进行说明。

1. AVI 格式

AVI 是音频视频交错（Audio Video Interleaved）的英文缩写，该格式是由微软公司开发的视频格式。主要优点是调用方便、图像质量好，缺点是文件体积大。特点是允许视频和音频交错在一起同步播放。不同压缩标准生成的 AVI 文件，必须使用相应的解压缩算法才能将之播放出来，不具有兼容性。不同视频软件对于 AVI 格式的版本压缩比标准也不统一，这样就很容易造成视频压缩或者输出后无法播放的状况。

在短视频领域，由于平台众多、终端算法形式多样，AVI 格式并不具备很灵活的应用性和很强的传播性。该格式多应用于视频压缩与存储、电视台播放等领域。

2. MPEG 格式

MPEG 是动态图像专家组（Moving Picture Expert Group）的英文缩写。VCD、SVCD、DVD 都是此格式。MPEG 格式采用了有损压缩方法，从而减少了动态图像中的冗余信息。MPEG 格式有 3 个压缩标准，分别是 MPEG-1、MPEG-2 和 MPEG-4。无论是在移动端、PC 端还是各种网络平台，MPEG 都有统一的格式，兼容性相当好。

MPEG-4 格式简称 MP4 格式，目前多应用于网络平台短视频的播放与传播、视频文件格式的转换与压缩，以及移动端短视频播放、相机端视频播放、摄影摄像、后期剪辑等领域。

3. MOV 格式

MOV 格式是由苹果公司开发的一种视频格式，具有较高的压缩比和较完美的视频清晰度，具有先进的视频和音频功能。MOV 格式原本是基于 QuickTime 的文件格式，支持 25 位彩色空间，兼容集成式压缩技术，现逐渐成为视频制作领域中主要使用的文件输出格式和拍摄格式。

MOV 格式由于是高质量的视频格式，文件相对比较大，在短视频的传播应用方面还是有一些缺陷的。在短视频传输与播放的环节，我们可以将 MOV 格式转换成 MP4 格式来使用，或直接将视频文件输出为 MP4 格式来使用。MOV 格式多应用于手机拍摄、单反和微单拍摄、后期剪辑等领域。

4. WMV 格式

WMV 是 Windows 媒体视频（Windows Media Video）的英文缩写，是微软公司推出的一种采用独立编码方式、可以直接在网上实时观看视频节目的文件压缩格式。

5. MKV 格式

MKV 格式是民间流行的一种视频封装格式，兼容 DivX、Xvid、RealVideo、H264、MPEG-2、

VC1等众多视频编码格式。官方发布的视频影片都不采用MKV格式，但由于没有版权限制，又易于播放，所以该格式多应用于上传个人作品、论坛发布等领域。

6. TS格式

TS格式是高清专用封装格式，多见于原版的蓝光、HDDVD转换的视频影片，一般采用H264、VC1等较新的视频编码格式。索尼摄像机采用的是TS格式，但往往需要将TS格式转换成MP4格式来使用。TS格式多应用于索尼设备机型拍摄、家用摄像机拍摄等领域。

2.1.2 短视频视听语言——视频镜头的概念

短视频是由一个个镜头组成的完整视频。镜头是视听语言中"视"的部分，也是最基本的一部分。摄影中的镜头是指摄影设备上的光学透镜组，包括长焦镜头、广角镜头、各种定焦镜头组等，是物理学中的"镜头"。摄影中的切换镜头，是指选用不同焦段的镜头来实现的画面切换效果；而在摄像中，镜头的概念则有所不同。

1. 拍摄时谈到的"镜头"

拍摄时的镜头是指拍摄设备从拍摄开始到结束之间所摄取的一段不间断的原素材画面，是视频最基本的组成单位。

图2-1和图2-2所示的两个画面分别表示画面的起点和终点。画面中的人物虽然通过移动改变了所在位置，但视频素材中间没有中断和切断成两个单独的画面，而是通过连续的、完整的画面来表示整个的运动过程，那么这段完整的运动过程称为一个镜头。

图2-1

图2-2

2. 短视频制作剪辑时的"镜头"

短视频制作剪辑时的镜头是指画面两个剪切点之间的一段不间断的画面。

图2-3所示的画面中，中间切换了两次，分割成了3个镜头，因此，我们称这一段为用3个镜头组成的一段内容。

图2-3

短视频的镜头是短视频画面的基本单位，没有前期的拍摄来录制成一个个镜头素材，自然也就没有素材的整体影像呈现。镜头画面的前期拍摄决定着整部短视频的视听效果。

图 2-4 ~图 2-9 所示为根据需要调整素材视频的入点和出点。本章古风人物写真案例是由 18 个镜头组接完成的影片，每个镜头的内容和长度都可以根据需求进行调整。

图 2-4

图 2-5

图 2-6

图 2-7

图 2-8

图 2-9

提示：视频的入点和出点设置是指为了准确表现视频内容，重新对视频的开始点和结束点进行精准的切割设置，以保存最有效、最精彩的画面内容，这是短视频初剪的一部分。

2.1.3　短视频视听语言——景别组的使用

短视频的拍摄和制作已经逐渐融入人们的日常生活。利用景别的变化拍摄出高质量、有内涵的视频短片，再利用景别组展现故事情节，可以让短视频像电影一样精彩丰富。

1.景别与景别组的概念

景别是由于镜头与被摄主体的距离不同,被摄主体在影片中所呈现出的画面范围的区别,是镜头画面的一种类别,也是一种非常重要的视觉形式。

景别的有效运用是体现创作者构思的有效手段。景别运用是否恰当将决定视频内容是否主题明确、故事是否清晰、对景物各部分的细节表现是否合适等。

景别组是指通过将一个个景别进行组接,形成一组完整的画面叙事内容。

景别与景别组的区别:景别是单个景别画面的表现;景别组是将景别按照景别组接技巧,一组一组地展现在短视频中,形成完整的故事表现。景别组的存在也是为了有效控制短视频的表现节奏。

2.景别的分类

通常,我们在观察自然界中的某个事物、某种现象或某些人物时,可根据需要随时改变观察的视角,如浏览整体场景、聚焦某个细节、关注人物的神情变化等。因此,景别有着不同的分类。

景别是一种很重要的镜头语言,一般分为远景、全景、中景、近景和特写,如图2-10和图2-11所示。

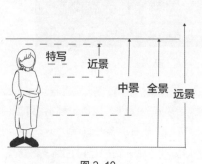

图 2-10

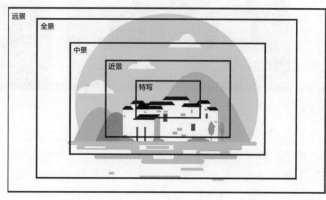

图 2-11

（1）远景

远景是表现远处环境全貌、展示人物及周围广阔的空间环境、展现自然景色和群众活动等大场面的景别。由于观看的景物和人物距离较远、视野宽广、人物较小、背景占主要部分,画面能够给人整体感,但细部不清晰。

远景一般用于短视频的开头、结束或场景转换镜头,交代主体在事件中的环境,让画面形成舒缓的节奏,具有强烈的抒情性,如图2-12和图2-13所示。

图 2-12

图 2-13

（2）全景

全景是展现环境全貌、主体人物全局的景别。全景的重心在主体上,也就是以人物为主,环境为辅。被摄主体应占3/4的画面宽度,头和脚的上、下保留一定的引导空间。

全景一般用于展示主体动作的完整性、一个特定的叙事空间、人与特定环境的关系、人或物体的运动和行为等，如图 2-14 ~ 图 2-17 所示。

图 2-14　　　　　　　　　　　　　　　　　　图 2-15

图 2-16　　　　　　　　　　　　　　　　　　图 2-17

（3）中景

中景一般是展现人物膝盖以上的景别，常用于表现人物上半身动作的完整性，也是一种常用的叙事景别，比较中规中矩。中景可以显示主体人物的外貌特征、人物对环境的表现、局部环境的特点、对画外空间的联想等，内容具有更大的选择性。中景的表现主体是人物的形体动作和人物相互间的情绪交流等。

中景一般用于突出想要表达的部分、有情节的场景等，如图 2-18 ~ 图 2-23 所示。

图 2-18　　　　　　　　　　　　　　　　　　图 2-19

图 2- 20　　　　　　　　　　　　　　　　　　图 2-21

图 2-22   图 2-23

（4）近景

近景是表现人物面部神态和情绪、刻画人物性格的主要景别。画面表现的空间范围小、景深浅，可以产生较近的视觉距离。

近景一般用于展现人物胸部以上的画面，又叫对话式镜头、会话式镜头，用于表现人物的面部表情、传达人物的内心世界、刻画人物的性格等，如图 2-24 ~ 图 2-31 所示。

图 2-24   图 2-25

图 2-26   图 2-27

图 2-28   图 2-29

图 2-30   图 2-31

（5）特写

特写是展现主体中一个独立而完整的局部的景别，用于表现动作细节、突出某一元素等，是视频中最独特、最有效的表现手法之一。特写镜头能给观众强烈的视觉冲击感。

特写一般用于展现人物肩部以上、头部、脸部或主体微小局部的画面，用于表现主体的质感、形体、颜色等，分割主体与周围环境，调整画面节奏，如图 2-32 ~ 图 2-39 所示。

图 2-32   图 2-33

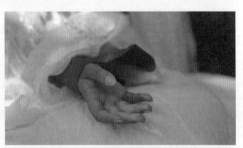

图 2-34   图 2-35

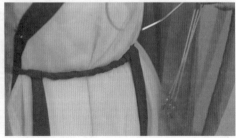

图 2-36   图 2-37

图 2-38

图 2-39

3. 使用景别组制作短视频

近景拟神，远景写意，"远、全、中、近、特"为一个基本的景别组。景别组的运用可以表现不同的画面节奏和主次关系。可以用不同的景别变换交替、有条理、有节奏地交代环境、关系以及要表现的故事内容，利用一个完整的景别组去描述一个主体。景别组是短视频制作中最符合视觉表现的一种视频制作技巧，如图 2-40 所示。

远－全景

全景

中景

中－近景

近景

图 2-40

2.2　制作期——制作"古风人物写真"短视频

使用 Premiere Pro CC 2018 软件的"新建"和"导入"命令来新建项目和导入视频素材，使用快捷键在"源"窗口中截取和标记视频、音频，使用拖曳方法将序列匹配视频素材，使用"效果"面板添加视频、音频过渡，使用"效果控件"面板编辑视频、音频过渡，使用"导出"命令导出视频文件。最终效果参看"Ch02/ 古风人物写真 / 古风人物写真 .prproj"，如图 2-41 所示。

扫码观看
短视频

图 2-41

2.2.1 新建项目并导入素材

① 启动 Premiere Pro CC 2018 软件，弹出"开始"欢迎界面。单击"新建项目"按钮，弹出"新建项目"对话框，在"位置"选项中选择文件保存的路径，在"名称"文本框中输入文件名"古风人物写真"，如图 2-42 所示。单击"确定"按钮，进入软件工作界面。选择"文件 > 新建 > 序列"命令，弹出"新建序列"对话框，如图 2-43 所示，单击"确定"按钮，完成序列的创建。

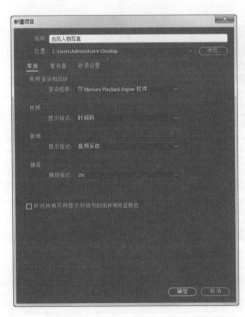

图 2-42

图 2-43

② 选择"文件 > 导入"命令，弹出"导入"对话框，选择云盘中的"Ch02/ 古风人物写真 / 素材 /01 ~ 18"文件，如图 2-44 所示。单击"打开"按钮，将视频文件导入"项目"面板中，如图 2-45 所示。

图 2-44   图 2-45

2.2.2　序列匹配视频素材

① 双击"项目"面板中的"01"文件,在"源"窗口中打开"01"文件,如图 2-46 所示。将时间标签放置在 00:22:21:21 的位置,如图 2-47 所示。按 I 键,创建标记入点,如图 2-48 所示。将时间标签放置在 00:22:24:08 的位置,按 O 键,创建标记出点,如图 2-49 所示。

图 2-46   图 2-47

图 2-48   图 2-49

② 将鼠标指针放置在"源"窗口中画面的位置,选中"源"窗口中的"01"文件并将其拖曳到"时间线"面板的"视频 1"轨道中,弹出"剪辑不匹配警告"对话框,如图 2-50 所示,单击"更改序列设置"按钮。将"01"文件放置到"视频 1"轨道中,如图 2-51 所示。

图 2-50

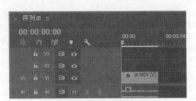

图 2-51

2.2.3 剪辑并调整视频素材

1. 取消视频、音频链接

① 单击音频轨道左侧的音频标签,如图2-52所示,激活音频内容,覆盖插入的音频。选择"时间线"面板中的"01"素材影片。选择"剪辑>取消链接"命令,取消视频、音频链接,如图2-53所示。

图 2-52

图 2-53

② 选择下方的音频文件,如图2-54所示。按Delete键删除音频,如图2-55所示。

图 2-54

图 2-55

2. 添加入点和出点剪辑素材

① 双击"项目"面板中的"02"文件,在"源"窗口中打开"02"文件。将时间标签放置在00:29:29:17的位置,按I键,创建标记入点,如图2-56所示。将时间标签放置在00:29:32:12的位置,按O键,创建标记出点,如图2-57所示。

图 2-56

图 2-57

② 将鼠标指针放置在"源"窗口中画面的位置，选中"源"窗口中的"02"文件并将其拖曳到"时间线"面板的"视频 1"轨道中，如图 2-58 所示。

③ 双击"项目"面板中的"03"文件，在"源"窗口中打开"03"文件。将时间标签放置在 00:26:25:21 的位置，按 I 键，创建标记入点，如图 2-59 所示。将时间标签放置在 00:26:30:19 的位置，按 O 键，创建标记出点，如图 2-60 所示。

图 2-58

图 2-59

图 2-60

④ 将鼠标指针放置在"源"窗口中画面的位置，选中"源"窗口中的"03"文件并将其拖曳到"时间线"面板的"视频 1"轨道中，如图 2-61 所示。

⑤ 双击"项目"面板中的"04"文件，在"源"窗口中打开"04"文件。将时间标签放置在 00:00:3:27 的位置，按 I 键，创建标记入点，如图 2-62 所示。将时间标签放置在 00:00:9:52 的位置，按 O 键，创建标记出点，如图 2-63 所示。

图 2-61

图 2-62

图 2-63

⑥ 将鼠标指针放置在"源"窗口中画面的位置，选中"源"窗口中的"04"文件并将其拖曳到"时间线"面板的"视频 1"轨道中，如图 2-64 所示。

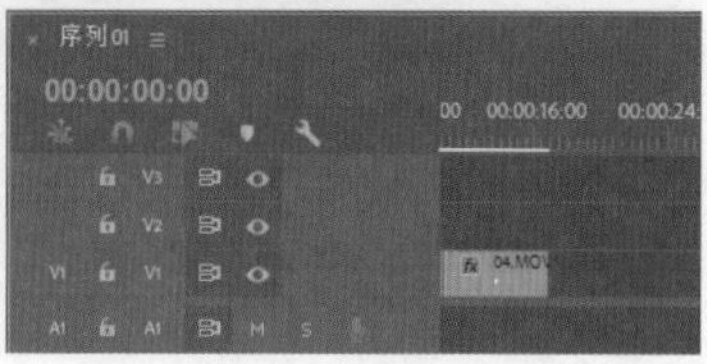

⑦ 双击"项目"面板中的"05"文件，在"源"窗口中打开"05"文件。将时间标签放置在 00:31:41:08 的位置，按 I 键，创建标记入点，如图 2-65 所示。将时间标签放置在 00:31:45:13 的位置，按 O 键，创建标记出点，如图 2-66 所示。

图 2-64

图 2-65　　　　　　　　　　　　　图 2-66

⑧ 将鼠标指针放置在"源"窗口中画面的位置，选中"源"窗口中的"05"文件并将其拖曳到"时间线"面板的"视频 1"轨道中，如图 2-67 所示。

⑨ 双击"项目"面板中的"06"文件，在"源"窗口中打开"06"文件。将时间标签放置在 00:00:20:12 的位置，按 I 键，创建标记入点，如图 2-68 所示。将时间标签放置在 00:00:33:19 的位置，按 O 键，创建标记出点，如图 2-69 所示。

图 2-67

图 2-68　　　　　　　　　　　　　图 2-69

⑩ 将鼠标指针放置在"源"窗口中画面的位置，选中"源"窗口中的"06"文件并将其拖曳到"时间线"面板的"视频 1"轨道中，如图 2-70 所示。

⑪ 双击"项目"面板中的"07"文件，在"源"窗口中打开"07"文件。将时间标签放置在 00:00:08:09 的位置，按 I 键，创建标记入点，如图 2-71 所示。将时间标签放置在 00:00:15:50 的位置，按 O 键，创建标记出点，如图 2-72 所示。

图 2-70

图 2-71　　　　　　　　　　　　　图 2-72

⑫ 将鼠标指针放置在"源"窗口中画面的位置，选中"源"窗口中的"07"文件并将其拖曳到"时间线"面板的"视频1"轨道中，如图2-73所示。

⑬ 双击"项目"面板中的"08"文件，在"源"窗口中打开"08"文件。将时间标签放置在00:35:04:05的位置，按I键，创建标记入点，如图2-74所示。将时间标签放置在00:35:10:11的位置，按O键，创建标记出点，如图2-75所示。

图2-73

图2-74

图2-75

⑭ 将鼠标指针放置在"源"窗口中画面的位置，选中"源"窗口中的"08"文件并将其拖曳到"时间线"面板的"视频1"轨道中，如图2-76所示。

⑮ 双击"项目"面板中的"09"文件，在"源"窗口中打开"09"文件。将时间标签放置在00:00:07:02的位置，按I键，创建标记入点，如图2-77所示。将时间标签放置在00:00:12:38的位置，按O键，创建标记出点，如图2-78所示。

图2-76

图2-77

图2-78

⑯ 将鼠标指针放置在"源"窗口中画面的位置，选中"源"窗口中的"09"文件并将其拖曳到"时间线"面板的"视频1"轨道中，如图2-79所示。

⑰ 双击"项目"面板中的"10"文件，在"源"窗口中打开"10"文件。将时间标签放置在00:33:40:12的位置，按I键，创建标记入点，如图2-80所示。将时间标签放置在00:33:48:01的位置，按O键，创建标记出点，如图2-81所示。

图2-79

图 2-80   图 2-81

⑱ 将鼠标指针放置在"源"窗口中画面的位置，选中"源"窗口中的"10"文件并将其拖曳到"时间线"面板的"视频 1"轨道中，如图 2-82 所示。

⑲ 双击"项目"面板中的"11"文件，在"源"窗口中打开"11"文件。将时间标签放置在 00:33:21:13 的位置，按 I 键，创建标记入点，如图 2-83 所示。将时间标签放置在 00:33:24:02 的位置，按 O 键，创建标记出点，如图 2-84 所示。

图 2-82

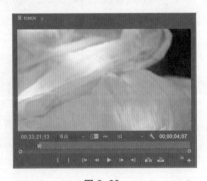

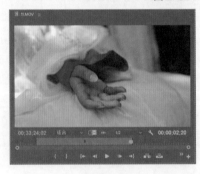

图 2-83   图 2-84

⑳ 将鼠标指针放置在"源"窗口中画面的位置，选中"源"窗口中的"11"文件并将其拖曳到"时间线"面板的"视频 1"轨道中，如图 2-85 所示。

㉑ 双击"项目"面板中的"12"文件，在"源"窗口中打开"12"文件。将时间标签放置在 00:00:12:14 的位置，按 I 键，创建标记入点，如图 2-86 所示。将时间标签放置在 00:00:17:23 的位置，按 O 键，创建标记出点，如图 2-87 所示。

图 2-85

图 2-86   图 2-87

㉒ 将鼠标指针放置在"源"窗口中画面的位置，选中"源"窗口中的"12"文件并将其拖曳到"时间线"面板的"视频1"轨道中，如图2-88所示。

㉓ 双击"项目"面板中的"13"文件，在"源"窗口中打开"13"文件。将时间标签放置在00:44:39:12的位置，按I键，创建标记入点，如图2-89所示。将时间标签放置在00:44:46:07的位置，按O键，创建标记出点，如图2-90所示。

图2-88

图2-89

图2-90

㉔ 将鼠标指针放置在"源"窗口中画面的位置，选中"源"窗口中的"13"文件并将其拖曳到"时间线"面板的"视频1"轨道中，如图2-91所示。

㉕ 双击"项目"面板中的"14"文件，在"源"窗口中打开"14"文件。将时间标签放置在00:37:04:20的位置，按I键，创建标记入点，如图2-92所示。将时间标签放置在00:37:08:19的位置，按O键，创建标记出点，如图2-93所示。

图2-91

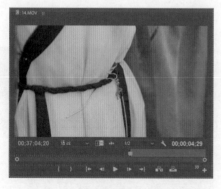

图2-92

图2-93

㉖ 将鼠标指针放置在"源"窗口中画面的位置，选中"源"窗口中的"14"文件并将其拖曳到"时间线"面板的"视频1"轨道中，如图2-94所示。

㉗ 双击"项目"面板中的"15"文件，在"源"窗口中打开"15"文件。将时间标签放置在00:37:14:10的位置，按I键，创建标记入点，如图2-95所示。将时间标签放置在00:37:18:02的位置，按O键，创建标记出点，如图2-96所示。

图2-94

图 2-95

图 2-96

㉘ 将鼠标指针放置在"源"窗口中画面的位置,选中"源"窗口中的"15"文件并将其拖曳到"时间线"面板的"视频1"轨道中,如图 2-97 所示。

㉙ 双击"项目"面板中的"16"文件,在"源"窗口中打开"16"文件。将时间标签放置在 00:37:59:00 的位置,按 I 键,创建标记入点,如图 2-98 所示。将时间标签放置在 00:38:02:19 的位置,按 O 键,创建标记出点,如图 2-99 所示。

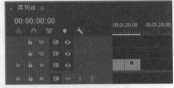

图 2-97

图 2-98

图 2-99

㉚ 将鼠标指针放置在"源"窗口中画面的位置,选中"源"窗口中的"16"文件并将其拖曳到"时间线"面板的"视频1"轨道中,如图 2-100 所示。

3. 重复使用并剪辑素材

① 双击"项目"面板中的"15"文件,在"源"窗口中打开"15"文件,如图 2-101 所示。按 Ctrl+Shift+X 组合键,清除入点和出点,如图 2-102 所示。

图 2-100

图 2-101

图 2-102

② 将时间标签放置在 00:37:21:21 的位置，按 I 键，创建标记入点，如图 2-103 所示。将时间标签放置在 00:37:26:24 的位置，按 O 键，创建标记出点，如图 2-104 所示。

图 2-103

图 2-104

③ 将鼠标指针放置在"源"窗口中画面的位置，选中"源"窗口中的"15"文件并将其拖曳到"时间线"面板的"视频 1"轨道中，如图 2-105 所示。

④ 双击"项目"面板中的"17"文件，在"源"窗口中打开"17"文件。将时间标签放置在 00:00:20:07 的位置，按 I 键，创建标记入点，如图 2-106 所示。将时间标签放置在 00:00:52:57 的位置，按 O 键，创建标记出点，如图 2-107 所示。

图 2-105

图 2-106

图 2-107

⑤ 将鼠标指针放置在"源"窗口中画面的位置，选中"源"窗口中的"17"文件并将其拖曳到"时间线"面板的"视频 1"轨道中，如图 2-108 所示。

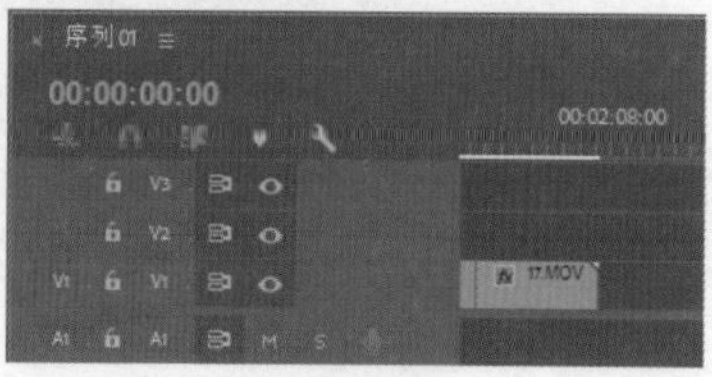

2.2.4 剪辑并调整音频素材

① 双击"项目"面板中的"18"文件，在"源"窗口中打开"18"文件。将时间标签放置在 00:01:27:02 的位置，按 I 键，创建标记入点，如图 2-109 所示。将时间标签放置在 00:03:32:15 的位置，按 O 键，创建标记出点，如图 2-110 所示。

② 将鼠标指针放置在"源"窗口中画面的位置，选中"源"窗口中的"18"文件并将其拖曳到"时间线"面板的"音频 1"轨道中，如图 2-111 所示。

图 2-108

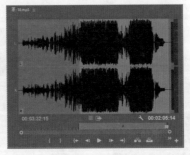

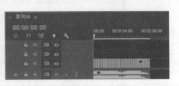

图 2-109　　　　　　　　　图 2-110　　　　　　　　　图 2-111

2.2.5　添加并编辑视频、音频过渡

1. 添加视频过渡

① 在"效果"面板中展开"视频过渡"特效分类选项，单击"溶解"文件夹左侧的三角形按钮 ▷将其展开，选中"交叉溶解"特效，如图 2-112 所示。将"交叉溶解"特效拖曳到"时间线"面板"视频 1"轨道中"01"文件的开始位置，如图 2-113 所示。

② 选中"时间线"面板中的"交叉溶解"特效，在"效果控件"面板中将"持续时间"选项设为 00:00:00:25，如图 2-114 所示。

图 2-112　　　　　　　　　图 2-113　　　　　　　　　图 2-114

③ 将"效果"面板中的"交叉溶解"特效拖曳到"时间线"面板"视频 1"轨道中"17"文件的结束位置，如图 2-115 所示。选中"时间线"面板中的"交叉溶解"特效，在"效果控件"面板中将"持续时间"选项设为 00:00:04:07，如图 2-116 所示。

图 2-115　　　　　　　　　图 2-116

2. 添加音频过渡

① 在"效果"面板中展开"音频过渡"特效分类选项，单击"交叉淡化"文件夹左侧的三角形按钮 ▷将其展开，选中"指数淡化"特效，如图 2-117 所示。将"指数淡化"特效拖曳到"时间线"面板"音频 1"轨道中"18"文件的开始位置，如图 2-118 所示。

② 选中"时间线"面板中的"指数淡化"特效，在"效果控件"面板中将"持续时间"选项设为 00:00:02:21，如图 2-119 所示。

图 2-117

图 2-118

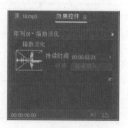

图 2-119

2.2.6 导出视频文件

选择"文件 > 导出 > 媒体"命令，弹出"导出设置"对话框，具体的设置如图 2-120 所示。单击"导出"按钮，导出视频文件。

图 2-120

2.3　课后习题

1. 任务

请制作一段时尚风格的人物写真短视频。

2. 任务要求

时长：1 分 30 秒。

拍摄要求：请按照景别组的拍摄方法，拍摄出每一个景别的素材。

素材要求：不少于 15 条素材。

制作要求：按照景别组的组接规律，完成短视频的制作。

第 3 章

03

生活技能短视频

▶ **本章介绍**

　　本章将详细讲解生活技能短视频的拍摄方法和制作技巧。通过对本章的学习，读者能够熟练应用手机等摄像设备调整对焦来拍摄生活技能短视频。

学习目标

● 了解影响短视频对焦的因素。

● 掌握应用对焦制造景深效果的方法。

● 掌握手动对焦与自动对焦的方法。

● 掌握利用对焦进行叙事的方法。

● 熟练掌握生活技能短视频的制作方法。

生活技能
短视频

3.1 拍摄期

生活技能短视频可以使用手机等摄像设备进行拍摄。本节将重点讲解拍摄中对焦操作对视频拍摄的影响，为短视频后期的处理和制作提供帮助。

3.1.1 影响视频对焦的因素

当使用手机、单反等拍摄设备拍摄视频时，会存在因为对焦而形成的清晰度有差别的问题。本小节将重点讲解准确对焦要考虑的光圈、快门、感光度三种曝光元素，同时重点关注视频对焦时曝光的影响因素。

1. 光圈

光圈是相机的"瞳孔"。放大或缩小光圈可以控制照射在感光元件上的光量。一般光圈的大小是指光圈孔的大小，称为"光圈值"。常见的光圈值有 f/1、f/1.4、f/2、f/2.8、f/4、f/5.6、f/8、f/11、f/16、f/22，单反或者微单设备中有 f/3.5、f/6.3 等光圈值。光圈值后面的数字越大，表示光圈越小，如图 3-1 所示。

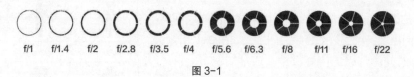

图 3-1

调节光圈将影响对焦清晰的范围，能制作出景深效果。一般情况下，小光圈的光圈值为 f/8、f/11、f/16 等，使用小光圈可以得到更大的景深范围，让整个画面都清晰，容易得到画面主体的清晰效果；大光圈的光圈值为 f/1.4、f/2、f/2.8、f/4 等，使用大光圈得到的景深会很浅，画面虚化且局部模糊，但主体的对焦会更精确、范围更小，如图 3-2 所示。

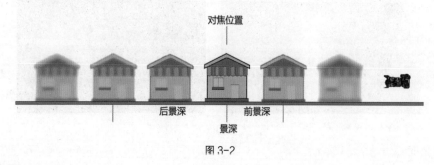

图 3-2

2. 快门

快门是控制光线照射感光元件时间的装置。快门的单位是时间（秒），快的有几千分之一秒甚至几万分之一秒，慢的有几秒、几分钟。若对着光源拍摄，快门速度要快，否则画面会曝光过度；若对着夜空拍摄，快门速度要慢，否则画面会曝光不足，如图 3-3 所示。

常用的快门速度为几百分之一秒或几千分之一秒，如 1/250s、1/4000s。一般相机的快门速度最快为 1/4000s 或 1/8000s，最慢为 30s，快门速度超过 30s 的快门可以用 B/Bulb 快门代替。拍摄视频时可先用 1/150s 的快门速度值，再配合曝光进行调节。一般我们会将快门设为帧速率的两倍，例如，帧速率设定在 25，则快门就设为 50；也就是说 1s 的拍摄，设置帧速率为 25、快门为 50，表示快门开合 25 次，每次 1/50s，如图 3-4 所示。

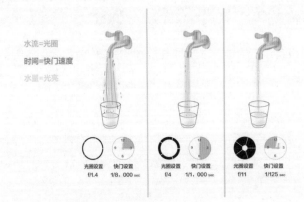

图 3-3

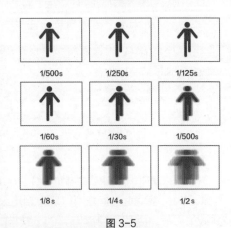

视频规格	帧速率	建议快门速度
1080 24p	24帧/秒	1/48s
1080 25p	25帧/秒	1/50s
1080 30p	30帧/秒	1/60s
1080 60p	60帧/秒	1/120s
1080 120p	120帧/秒	1/240s

图 3-4

拍摄视频时快门速度越快，画面流畅度越高，视频越清晰。如果画面流畅度保持固定数值，快门速度越慢，对画面清晰度的影响就越大。但快门速度设置过低会导致视频中的运动不流畅，如图 3-5 所示。

在室内拍摄时，由于灯光的闪烁或计算机的光线问题会使视频画面出现条纹或抖动等频闪问题，如图 3-6 所示。频闪是单位时间内灯光的闪烁次数。通常情况下，日光灯的频率在 50Hz 左右，在此条件下的拍摄快门速度要在 1/50s；计算机液晶屏的频率在 60Hz 左右，在此条件下的拍摄快门速度要在 1/60s。将快门的速度与照明和屏幕的频率保持一致，就不易产生频闪。

图 3-5

图 3-6

3. 感光度

感光度又称 ISO，在胶片时代，是胶片对光线的敏感程度；在数码时代，是感光元件对光线的感应能力。常用的感光度值有 ISO50、ISO100、ISO200、ISO400、ISO800、ISO1600、ISO3200、ISO6400、ISO10000 等，如图 3-7 所示。

ISO 值越小，感光元件对光线的感应能力越弱，曝光量越少，画质越清晰；ISO 值越大，感光元件对光线的感应能力越强，曝光量越多，画面噪点越多。相机的性能越好，ISO 的可调节值就越大，可以在提高一定的 ISO 值时不影响拍摄的画质。

图 3-7

4. 曝光

光圈、快门与感光度是决定曝光的三个要素，如图3-8所示。三者的关系可以用"曝光三角形"来表示，这也是通常所说的"曝光互易率"的关系，如图3-9所示。可以看出，光圈值越大，景深越明显，曝光度越高，ISO值也越大，噪点就会越多，清晰度会下降，此时，就需要对快门速度进行调节，达到正常的曝光。

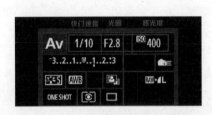

图3-8

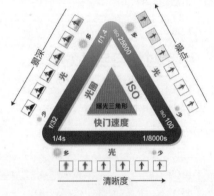

图3-9

在数码时代，随着技术的不断进步，感光元件的降噪功能越来越好，三要素的互易作用也在不断提高。

例如，当光圈为f/2.8、快门为1/1000s、ISO为100时，将ISO值保持不变，光圈增加为f/2.0，快门用1/2000s，可以得到相同的曝光效果；将快门数值保持不变，光圈减小为f/4，ISO值为200，同样可得到相同的曝光效果。

根据视频的特点，视频的清晰程度也受到分辨率和帧数设置的影响。在调节视频曝光时，只要不是极端地将ISO数值进行调节，就可以略微忽略因为ISO调整造成的噪点问题。例如，当光圈为f/2.8、快门为1/30s、ISO为100时，得到的视频画面如图3-10所示；当光圈为f/2.8、快门为1/60s、ISO为8000时，得到的视频画面如图3-11所示；当光圈为f/2.8、快门为1/3000s、ISO为12800时，得到的视频画面如图3-12所示。由此可以看出，将ISO增大到一定程度对画面清晰程度和颗粒度的影响并不是很明显。

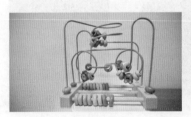

图3-10

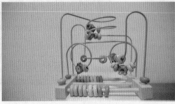

图3-11

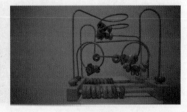

图3-12

因此，在拍摄视频时，尽量使用拍摄设备的MF档（手动拍摄档位）来拍摄视频，固定好其中的一个元素后，调节其他元素匹配即可得到正常曝光效果。

3.1.2 应用对焦制造景深效果

拍摄视频时，我们要根据拍摄类型和镜头的不同，更有效地调节对焦以制作出不同的景深效果。

1. 拍摄风光类镜头

拍摄风光类镜头时要用小光圈、广角（短焦距）来制作深景深效果，将距离远的前背景清晰展现在整个画面中。此类镜头在视频对焦时有效清晰的范围比较大，不容易跑焦。

2. 拍摄人物类镜头

拍摄人物类镜头时要用大光圈、长焦距来制作浅景深效果。这样拍摄距离较近，拍摄效果较好。此类镜头在视频对焦时要关注焦点的变化，由于景深浅、清晰的范围小，所以很容易造成跑焦问题的发生。

3. 拍摄运动类镜头

拍摄运动类镜头时要用长焦镜头来制作很浅的景深效果。为了保证被拍摄主体清晰完整，需要尽量让虚化不明显，景深效果不明显。此类镜头在视频对焦时就要尽量关注焦点的变化，保证运动主体的清晰。

3.1.3 手动对焦与自动对焦

使用手机、单反、微单、摄像机等摄影摄像设备拍摄视频时，都存在手动对焦和自动对焦两种操作。

1. 手机的对焦操作

使用手机拍摄视频时，对焦一般都是由手机内部的对焦系统来完成的。手机拍摄无法纯手动对焦，但可以手动选择对焦点的位置，以确保拍摄出的视频主体清晰。

打开手机的相机，进入拍摄模式，如图 3-13 所示。用手指滑动对焦选择框至对焦主体的位置，松开手指，对焦选择框将自动对选择的主体进行精确对焦，如图 3-14 所示。

2. 单反的对焦操作

使用单反拍摄视频时，需要先切换到视频拍摄模式，一般在单反中，该模式是用红色的摄影机图标来表示的。佳能系列的摄像机的视频拍摄模式的图标就为红色的摄像机，如图 3-15 所示。

一般单反有自动对焦（AF）和手动对焦（MF）两种对焦模式，如图 3-16 所示。自动对焦（AF）是指相机控制镜头自动匹配对焦点，手动对焦（MF）是指手动操作变焦环来控制对焦点。这两种对焦方式可以在镜头上根据需要进行切换。

图 3-13　　　　图 3-14

图 3-15

图 3-16

（1）视频的自动对焦

随着科技的发展，摄像设备中的自动对焦或人脸追踪功能已成为标准配置。我们使用这些功能来完成日常生活中的简单拍摄是十分方便的，但要拍摄出具有针对性、艺术性的视频素材却有些困难。

（2）视频的手动对焦

手动对焦拍摄首先要将对焦模式设为 MF，然后自己手动控制对焦环。手动对焦拍摄出的视频更灵活生动，针对性强。大多数相机的对焦环位于变焦环的旁边，图 3-17 和图 3-18 所示的对焦环分别为佳能和尼康相机的对焦环。

对焦环

图 3-17

对焦环

图 3-18

拍摄照片与拍摄视频在流程上有明显的区别，拍摄照片时一般要先让相机自动对焦，锁定焦点后再构图。而拍摄视频时往往要先进行构图确认，再确定焦点，以保证画面的清晰度。因此，焦点的调整对于视频画面的拍摄起着至关重要的作用。

3.1.4　短视频视听语言——利用对焦进行叙事

画面的连续变化是视频的优势，在一个镜头中通过对焦点的不断调整来表现不同的画面效果是视频对焦的独特之处。下面，我们根据"咖啡情调"的案例素材来表现利用对焦的变化拍摄出的画面效果。

画面位于片头位置，画面中的主体从模糊到清晰的变化过程可以让静止的物体画面产生动感，如图 3-19 和图 3-20 所示。

图 3-19

图 3-20

画面表现的是咖啡机的扳手从虚变实的过程。如果只单纯表现扳手的画面，那么与前后的视频效果和运动的画面并不能有效接续，因此，我们利用变焦效果制造动感效果来完成画面表现，提高画面转接的流畅度，如图 3-21 和图 3-22 所示。

图 3-21

图 3-22

制造咖啡制作工具由虚变实的对焦变化效果，能够与画面中的双重曝光效果相融合，也能够制造出动感的画面聚焦效果，让观看者的视线聚焦在从虚变实的工具上，如图 3-23 和图 3-24 所示。

图 3-23

图 3-24

主体的刻度杯子由虚变实，是为了与前一个画面的由虚变实的转场效果连接，完成快速的连续转场效果，如图 3-25 和图 3-26 所示。

图 3-25 图 3-26

制造从前景咖啡储存罐焦点过渡到后景咖啡储存罐焦点的过程，这是将固定画面变成动感画面的有效方法，从而有效地将关注点进行动态的转移，让画面表现得更生动和富有节奏，如图 3-27 和图 3-28 所示。

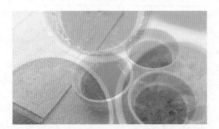

图 3-27 图 3-28

3.2　制作期——制作"咖啡情调"短视频

使用"新建"和"导入"命令新建项目并导入视频素材，使用拖曳方法将序列匹配视频素材，使用"编辑"命令取消视频、音频链接，使用扩展编辑点剪辑项目素材，使用"效果"面板添加视频、音频过渡，使用"效果控件"面板编辑视频过渡并调整项目素材制作动画，使用"导出"命令导出视频文件。最终效果参看"Ch03/ 咖啡情调 / 咖啡情调 .prproj"，如图 3-29 所示。

扫码观看
短视频

扫码观看
本案例视频1

扫码观看
本案例视频2

扫码观看
本案例视频3

扫码观看
本案例视频4

图 3-29

3.2.1 新建项目并导入素材

① 启动 Premiere Pro CC 2018 软件，弹出"开始"欢迎界面。单击"新建项目"按钮，弹出"新建项目"对话框，在"位置"选项中选择文件保存的路径，在"名称"文本框中输入文件名"咖啡情调"，如图 3-30 所示。单击"确定"按钮，进入软件工作界面。选择"文件 > 新建 > 序列"命令，弹出"新建序列"对话框，如图 3-31 所示。单击"确定"按钮，完成序列的创建。

图 3-30

图 3-31

② 选择"文件 > 导入"命令，弹出"导入"对话框，选择云盘中的"Ch02/ 咖啡情调 / 素材 / 01 ~ 40"文件，如图 3-32 所示。单击"打开"按钮，将视频文件导入"项目"面板中，如图 3-33 所示。

图 3-32

图 3-33

3.2.2 序列匹配视频素材

① 将"项目"面板中的"01"文件拖曳到"时间线"面板中的"视频 1"轨道中，弹出"剪辑不匹配警告"对话框，如图 3-34 所示，单击"更改序列设置"按钮。将"01"文件放置到"视频 1"轨道中，如图 3-35 所示。

图 3-34

图 3-35

② 将时间标签放置在 00:00:07:06 的位置，如图 3-36 所示。将鼠标指针放在 "01" 文件的结束位置，当鼠标指针呈◀状时单击，如图 3-37 所示，将鼠标指针向前拖曳到 00:00:07:06 的位置上，如图 3-38 所示。选择 "时间线" 面板中的 "01" 文件，如图 3-39 所示。

图 3-36

图 3-37

图 3-38

图 3-39

3.2.3 取消视频、音频链接

① 选择 "剪辑 > 取消链接" 命令，取消视频、音频链接，如图 3-40 所示。选择下方的音频，按 Delete 键删除音频，如图 3-41 所示。

图 3-40

图 3-41

② 单击音频轨道左侧的音频标签，如图 3-42 所示。激活音频内容，覆盖插入的音频。将 "项目" 面板中的 "02" 文件拖曳到 "时间线" 面板中的 "视频 1" 轨道中，如图 3-43 所示。

图 3-42

图 3-43

短视频制作实战 策划 拍摄 制作 运营（全彩慕课版）

3.2.4 剪辑并调整项目素材

1. 剪辑并调整视频素材

① 将时间标签放置在 00:00:08:08 的位置，将鼠标指针放在"02"文件的结束位置，当鼠标指针呈◀状时单击，选取编辑点，如图 3-44 所示。按 E 键，将所选编辑点扩展到播放指示器的位置，如图 3-45 所示。

图 3-44   图 3-45

② 将"项目"面板中的"03"文件拖曳到"时间线"面板中的"视频1"轨道中，如图 3-46 所示。将"项目"面板中的"05"文件拖曳到"时间线"面板中的"视频1"轨道中，如图 3-47 所示。

图 3-46   图 3-47

③ 将"项目"面板中的"04"文件拖曳到"时间线"面板中的"视频2"轨道中，并使"04"文件的开始位置与"视频1"轨道中的"05"文件的开始位置相同。将时间标签放置在 00:00:11:04 的位置。将鼠标指针放在"04"文件的结束位置，当鼠标指针呈◀状时单击，选取编辑点，如图 3-48 所示。按 E 键，将所选编辑点扩展到播放指示器的位置，如图 3-49 所示。

图 3-48   图 3-49

④ 将"项目"面板中的"06"文件拖曳到"时间线"面板中的"视频1"轨道中，如图 3-50 所示。将时间标签放置在 00:00:17:01 的位置。将鼠标指针放在"06"文件的结束位置，当鼠标指针呈◀状时单击，选取编辑点。按 E 键，将所选编辑点扩展到播放指示器的位置，如图 3-51 所示。

图 3-50   图 3-51

⑤ 将"项目"面板中的"07"文件拖曳到"时间线"面板中的"视频1"轨道中，如图 3-52 所示。将时间标签放置在 00:00:18:20 的位置。将鼠标指针放在"07"文件的结束位置，当鼠标指针呈◀状时单击，选取编辑点。按 E 键，将所选编辑点扩展到播放指示器的位置，如图 3-53 所示。

图 3-52   图 3-53

⑥将"项目"面板中的"08"文件拖曳到"时间线"面板中的"视频2"轨道中，如图3-54所示，并使"08"文件的开始位置与"视频1"轨道中的"07"文件的开始位置相同。将鼠标指针放在"08"文件的结束位置，当鼠标指针呈 ◀ 状时单击，选取编辑点。按E键，将所选编辑点扩展到播放指示器的位置，如图3-55所示。

图 3-54   图 3-55

⑦将"项目"面板中的"09"文件拖曳到"时间线"面板中的"视频1"轨道中，如图3-56所示。将时间标签放置在00:00:20:11的位置。将鼠标指针放在"09"文件的结束位置，当鼠标指针呈 ◀状时单击，选取编辑点。按E键，将所选编辑点扩展到播放指示器的位置，如图3-57所示。

图 3-56   图 3-57

⑧将"项目"面板中的"11"文件拖曳到"时间线"面板中的"视频1"轨道中，如图3-58所示。将时间标签放置在00:00:21:16的位置。将鼠标指针放在"11"文件的结束位置，当鼠标指针呈 ◀状时单击，选取编辑点。按E键，将所选编辑点扩展到播放指示器的位置，如图3-59所示。

图 3-58   图 3-59

⑨将"项目"面板中的"10"文件拖曳到"时间线"面板中的"视频2"轨道中，如图3-60所示。并使"10"文件的开始位置与"视频1"轨道中的"11"文件的开始位置相同。将鼠标指针放在"10"文件的结束位置，当鼠标指针呈 ◀状时单击，选取编辑点。按E键，将所选编辑点扩展到播放指示器的位置，如图3-61所示。

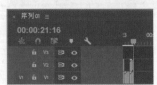

图 3-60   图 3-61

⑩ 将"项目"面板中的"12"文件拖曳到"时间线"面板中的"视频1"轨道中,如图3-62所示。将时间标签放置在00:00:24:13的位置。将鼠标指针放在"12"文件的结束位置,当鼠标指针呈◀▶状时单击,选取编辑点。按E键,将所选编辑点扩展到播放指示器的位置,如图3-63所示。

图3-62

图3-63

⑪ 将"项目"面板中的"13"文件拖曳到"时间线"面板中的"视频1"轨道中。将时间标签放置在00:00:28:11的位置,如图3-64所示。将鼠标指针放在"13"文件的结束位置,当鼠标指针呈◀▶状时单击,选取编辑点。按E键,将所选编辑点扩展到播放指示器的位置,如图3-65所示。

图3-64

图3-65

⑫ 将"项目"面板中的"14"文件拖曳到"时间线"面板中的"视频1"轨道中,如图3-66所示。将时间标签放置在00:00:29:04的位置。将鼠标指针放在"14"文件的结束位置,当鼠标指针呈◀▶状时单击,选取编辑点。按E键,将所选编辑点扩展到播放指示器的位置,如图3-67所示。

图3-66

图3-67

2. 混排素材图片和视频

① 将"项目"面板中的"15"文件拖曳到"时间线"面板中的"视频1"轨道中,如图3-68所示。将时间标签放置在00:00:29:21的位置。将鼠标指针放在"15"文件的结束位置,当鼠标指针呈◀▶状时单击,选取编辑点。按E键,将所选编辑点扩展到播放指示器的位置,如图3-69所示。

图3-68

图3-69

② 将"项目"面板中的"16"文件拖曳到"时间线"面板中的"视频1"轨道中,如图3-70所示。将时间标签放置在00:00:31:21的位置。将鼠标指针放在"16"文件的结束位置,当鼠标指针呈◀▶状时单击,选取编辑点。按E键,将所选编辑点扩展到播放指示器的位置,如图3-71所示。

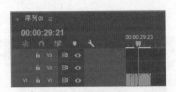

图 3-70

图 3-71

③ 将"项目"面板中的"17"文件拖曳到"时间线"面板中的"视频 1"轨道中,如图 3-72 所示。将时间标签放置在 00:00:32:19 的位置。将鼠标指针放在"17"文件的结束位置,当鼠标指针呈 ◀️ 状时单击,选取编辑点。按 E 键,将所选编辑点扩展到播放指示器的位置,如图 3-73 所示。

图 3-72

图 3-73

④ 将"项目"面板中的"18"文件拖曳到"时间线"面板中的"视频 1"轨道中,如图 3-74 所示。将时间标签放置在 00:00:33:12 的位置。将鼠标指针放在"18"文件的结束位置,当鼠标指针呈 ◀️ 状时单击,选取编辑点。按 E 键,将所选编辑点扩展到播放指示器的位置,如图 3-75 所示。

图 3-74

图 3-75

⑤ 将"项目"面板中的"17"文件拖曳到"时间线"面板中的"视频 1"轨道中,如图 3-76 所示。将时间标签放置在 00:00:34:16 的位置。将鼠标指针放在"17"文件的结束位置,当鼠标指针呈 ◀️ 状时单击,选取编辑点。按 E 键,将所选编辑点扩展到播放指示器的位置,如图 3-77 所示。

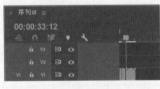

图 3-76

图 3-77

⑥ 将"项目"面板中的"19"文件拖曳到"时间线"面板中的"视频 1"轨道中,如图 3-78 所示。将时间标签放置在 00:00:35:20 的位置。将鼠标指针放在"19"文件的结束位置,当鼠标指针呈 ◀️ 状时单击,选取编辑点。按 E 键,将所选编辑点扩展到播放指示器的位置,如图 3-79 所示。

图 3-78

图 3-79

⑦ 将"项目"面板中的"20"文件拖曳到"时间线"面板中的"视频 1"轨道中，如图 3-80 所示。将时间标签放置在 00：00：36：19 的位置。将鼠标指针放在"20"文件的结束位置，当鼠标指针呈 ◀┃状时单击，选取编辑点。按 E 键，将所选编辑点扩展到播放指示器的位置，如图 3-81 所示。

图 3-80

图 3-81

⑧ 将"项目"面板中的"21"文件拖曳到"时间线"面板中的"视频 1"轨道中，如图 3-82 所示。将时间标签放置在 00：00：39：02 的位置。将鼠标指针放在"21"文件的结束位置，当鼠标指针呈 ◀┃状时单击，选取编辑点。按 E 键，将所选编辑点扩展到播放指示器的位置，如图 3-83 所示。

图 3-82

图 3-83

⑨ 将"项目"面板中的"22"文件拖曳到"时间线"面板中的"视频 1"轨道中，如图 3-84 所示。将时间标签放置在 00：00：39：19 的位置。将鼠标指针放在"22"文件的结束位置，当鼠标指针呈 ◀┃状时单击，选取编辑点。按 E 键，将所选编辑点扩展到播放指示器的位置，如图 3-85 所示。

图 3-84

图 3-85

⑩ 将"项目"面板中的"23"文件拖曳到"时间线"面板中的"视频 1"轨道中，如图 3-86 所示。将时间标签放置在 00：00：40：12 的位置。将鼠标指针放在"23"文件的结束位置，当鼠标指针呈 ◀┃状时单击，选取编辑点。按 E 键，将所选编辑点扩展到播放指示器的位置，如图 3-87 所示。

图 3-86

图 3-87

⑪ 将"项目"面板中的"24"文件拖曳到"时间线"面板中的"视频 1"轨道中，如图 3-88 所示。将时间标签放置在 00：00：44：08 的位置。将鼠标指针放在"24"文件的结束位置，当鼠标指针呈 ◀┃状时单击，选取编辑点。按 E 键，将所选编辑点扩展到播放指示器的位置，如图 3-89 所示。

⑫ 将"项目"面板中的"25"文件拖曳到"时间线"面板中的"视频 1"轨道中，如图 3-90 所示。将时间标签放置在 00：00：46：02 的位置。将鼠标指针放在"25"文件的结束位置，当鼠标指针呈 ◀┃状时单击，选取编辑点。按 E 键，将所选编辑点扩展到播放指示器的位置，如图 3-91 所示。

图 3-88

图 3-89

图 3-90

图 3-91

⑬ 将"项目"面板中的"26"文件拖曳到"时间线"面板中的"视频1"轨道中，如图3-92所示。将时间标签放置在00:00:47:22的位置。将鼠标指针放在"26"文件的结束位置，当鼠标指针呈◀┃状时单击，选取编辑点。按E键，将所选编辑点扩展到播放指示器的位置，如图3-93所示。

图 3-92

图 3-93

⑭ 将"项目"面板中的"27"文件拖曳到"时间线"面板中的"视频1"轨道中，如图3-94所示。将时间标签放置在00:00:49:20的位置。将鼠标指针放在"27"文件的结束位置，当鼠标指针呈◀┃状时单击，选取编辑点。按E键，将所选编辑点扩展到播放指示器的位置，如图3-95所示。

图 3-94

图 3-95

⑮ 将"项目"面板中的"28"文件拖曳到"时间线"面板中的"视频1"轨道中，如图3-96所示。将时间标签放置在00:00:51:23的位置。将鼠标指针放在"28"文件的结束位置，当鼠标指针呈◀┃状时单击，选取编辑点。按E键，将所选编辑点扩展到播放指示器的位置，如图3-97所示。

图 3-96

图 3-97

⑯ 将"项目"面板中的"29"文件拖曳到"时间线"面板中的"视频1"轨道中，如图3-98所示。将时间标签放置在00:00:55:03的位置。将鼠标指针放在"29"文件的结束位置，当鼠标指针呈◀┃状时单击，选取编辑点。按E键，将所选编辑点扩展到播放指示器的位置，如图3-99所示。

图 3-98

图 3-99

⑰ 将"项目"面板中的"30"文件拖曳到"时间线"面板中的"视频1"轨道中，如图3-100所示。将时间标签放置在 00:00:59:22 的位置。将鼠标指针放在"30"文件的结束位置，当鼠标指针呈◀┨状时单击，选取编辑点。按 E 键，将所选编辑点扩展到播放指示器的位置，如图 3-101 所示。

图 3-100

图 3-101

⑱ 将"项目"面板中的"31"文件拖曳到"时间线"面板中的"视频1"轨道中，如图3-102所示。将时间标签放置在 00:01:01:07 的位置。将鼠标指针放在"31"文件的结束位置，当鼠标指针呈◀┨状时单击，选取编辑点。按 E 键，将所选编辑点扩展到播放指示器的位置，如图 3-103 所示。

图 3-102

图 3-103

⑲ 将"项目"面板中的"32"文件拖曳到"时间线"面板中的"视频1"轨道中，如图3-104所示。将时间标签放置在 00:01:03:18 的位置。将鼠标指针放在"32"文件的结束位置，当鼠标指针呈◀┨状时单击，选取编辑点。按 E 键，将所选编辑点扩展到播放指示器的位置，如图 3-105 所示。

图 3-104

图 3-105

⑳ 将"项目"面板中的"33"文件拖曳到"时间线"面板中的"视频1"轨道中，如图3-106所示。将时间标签放置在 00:01:04:14 的位置。将鼠标指针放在"33"文件的结束位置，当鼠标指针呈◀┨状时单击，选取编辑点。按 E 键，将所选编辑点扩展到播放指示器的位置，如图 3-107 所示。

图 3-106

图 3-107

㉑ 将"项目"面板中的"34"文件拖曳到"时间线"面板中的"视频1"轨道中，如图3-108所示。将时间标签放置在00:01:06:20的位置。将鼠标指针放在"34"文件的结束位置，当鼠标指针呈◀状时单击，选取编辑点。按E键，将所选编辑点扩展到播放指示器的位置，如图3-109所示。

图 3-108

图 3-109

㉒ 将"项目"面板中的"35"文件拖曳到"时间线"面板中的"视频1"轨道中，如图3-110所示。将时间标签放置在00:01:08:17的位置。将鼠标指针放在"35"文件的结束位置，当鼠标指针呈◀状时单击，选取编辑点。按E键，将所选编辑点扩展到播放指示器的位置，如图3-111所示。

图 3-110

图 3-111

㉓ 将"项目"面板中的"37"文件拖曳到"时间线"面板中的"视频1"轨道中，如图3-112所示。将时间标签放置在00:01:12:08的位置。将鼠标指针放在"37"文件的结束位置，当鼠标指针呈◀状时单击，选取编辑点。按E键，将所选编辑点扩展到播放指示器的位置，如图3-113所示。

图 3-112

图 3-113

㉔ 将"项目"面板中的"36"文件拖曳到"时间线"面板中的"视频2"轨道中，如图3-114所示。将鼠标指针放在"36"文件的结束位置，当鼠标指针呈◀状时单击，选取编辑点。按E键，将所选编辑点扩展到播放指示器的位置，如图3-115所示。

图 3-114

图 3-115

㉕ 将"项目"面板中的"38"文件拖曳到"时间线"面板中的"视频1"轨道中，如图3-116所示。将时间标签放置在00:01:19:10的位置。将鼠标指针放在"38"文件的结束位置，当鼠标指针呈◀状时单击，选取编辑点。按E键，将所选编辑点扩展到播放指示器的位置，如图3-117所示。将"项目"面板中的"39"文件拖曳到"时间线"面板中的"视频1"轨道中，如图3-118所示。"节目"窗口中的效果如图3-119所示。

图 3-116

图 3-117

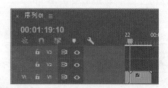
图 3-118

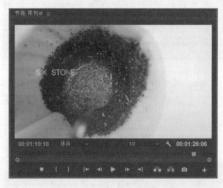
图 3-119

3. 剪辑并调整音频素材

① 将"项目"面板中的"40"文件拖曳到"时间线"面板中的"音频 1"轨道中，如图 3-120 所示。

② 将时间标签放置在 00:01:26:05 的位置。将鼠标指针放在"40"文件的结束位置，当鼠标指针呈 ◀| 状时单击，选取编辑点。按 E 键，将所选编辑点扩展到播放指示器的位置，如图 3-121 所示。

图 3-120

图 3-121

3.2.5 添加并编辑视频、音频过渡

1. 添加并调整视频过渡

① 在"效果"面板中展开"视频过渡"特效分类选项，单击"擦除"文件夹左侧的三角形按钮 ▷，将其展开，选中"双侧平推门"特效，如图 3-122 所示。将"双侧平推门"特效拖曳到"时间线"面板中的"02"文件的开始位置，如图 3-123 所示。

② 选中"时间线"面板中的"双侧平推门"特效，在"效果控件"面板中将"持续时间"选项设为 00:00:00:16，"对齐"选项设为"中心切入"，如图 3-124 所示。"时间线"面板中的效果如图 3-125 所示。

③ 在"效果"面板中展开"视频过渡"特效分类选项，单击"溶解"文件夹左侧的三角形按钮 ▷，将其展开，选中"胶片溶解"特效，如图 3-126 所示。将"胶片溶解"特效拖曳到"时间线"面板中的"09"文件的开始位置，如图 3-127 所示。

④ 选中"时间线"面板中的"胶片溶解"特效，在"效果控件"面板中将"持续时间"选项设为 00:00:00:08，"对齐"选项设为"中心切入"，如图 3-128 所示。"时间线"面板中的效果如图 3-129 所示。

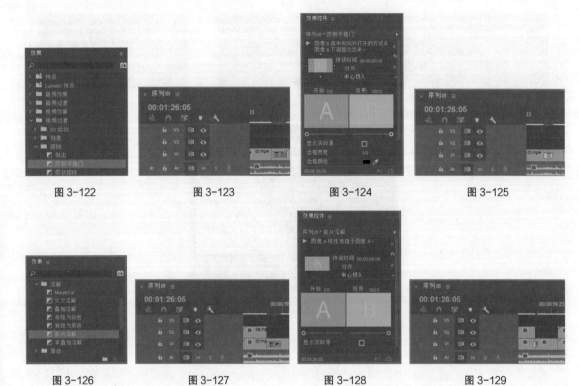

图 3-122　　　　　　　图 3-123　　　　　　　图 3-124　　　　　　　图 3-125

图 3-126　　　　　　　图 3-127　　　　　　　图 3-128　　　　　　　图 3-129

⑤ 将"胶片溶解"特效拖曳到"时间线"面板中的"08"文件的结束位置，如图 3-130 所示。选中"时间线"面板中的"胶片溶解"特效，在"效果控件"面板中将"持续时间"选项设为 00：00：00：07，如图 3-131 所示。"时间线"面板中的效果如图 3-132 所示。

图 3-130　　　　　　　　　图 3-131　　　　　　　　　图 3-132

⑥ 在"效果"面板中展开"视频过渡"特效分类选项，单击"溶解"文件夹左侧的三角形按钮 ，将其展开，选中"交叉溶解"特效，如图 3-133 所示。将"交叉溶解"特效拖曳到"时间线"面板中的"11"文件的开始位置，如图 3-134 所示。

图 3-133　　　　　　　　　　　　图 3-134

⑦ 选中"时间线"面板中的"交叉溶解"特效,在"效果控件"面板中将"持续时间"选项设为00:00:00:04,"对齐"选项设为"中心切入",如图3-135所示。"时间线"面板中的效果如图3-136所示。

图 3-135

图 3-136

⑧ 将"交叉溶解"特效拖曳到"时间线"面板中的"10"文件的开始位置,如图3-137所示。选中"时间线"面板中的"交叉溶解"特效,在"效果控件"面板中将"持续时间"选项设为00:00:00:03,如图3-138所示。"时间线"面板中的效果如图3-139所示。

图 3-137

图 3-138

图 3-139

⑨ 将"交叉溶解"特效拖曳到"时间线"面板中的"10"文件的结束位置,如图3-140所示。选中"时间线"面板中的"交叉溶解"特效,在"效果控件"面板中将"持续时间"选项设为00:00:00:04,如图3-141所示。"时间线"面板中的效果如图3-142所示。

图 3-140

图 3-141

图 3-142

⑩ 将"交叉溶解"特效拖曳到"时间线"面板中的"12"文件的开始位置,如图3-143所示。选中"时间线"面板中的"交叉溶解"特效,在"效果控件"面板中将"持续时间"选项设为00:00:00:04,"对齐"选项设为"中心切入",如图3-144所示。"时间线"面板中的效果如图3-145所示。

图 3-143

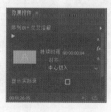

图 3-144

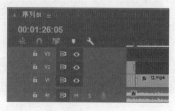

图 3-145

⑪ 在"效果"面板中展开"视频过渡"特效分类选项,单击"滑动"文件夹左侧的三角形按钮 将其展开,选中"拆分"特效,如图3-146所示。将"拆分"特效拖曳到"时间线"面板中的"13"文件的开始位置,如图3-147所示。

⑫ 选中"时间线"面板中的"拆分"特效，在"效果控件"面板中将"持续时间"选项设为00:00:01:01，"对齐"选项设为"中心切入"，如图3-148所示。"时间线"面板中的效果如图3-149所示。

图 3-146　　　　　　图 3-147　　　　　　图 3-148　　　　　　图 3-149

⑬ 在"效果"面板中展开"视频过渡"特效分类选项，单击"溶解"文件夹左侧的三角形按钮
将其展开，选中"渐隐为白色"特效，如图3-150所示。将"渐隐为白色"特效拖曳到"时间线"面板中的"14"文件的结束位置和"15"文件的开始位置，如图3-151所示。

⑭ 选中"时间线"面板中的"渐隐为白色"特效，在"效果控件"面板中将"持续时间"选项设为00:00:00:08，"对齐"选项设为"中心切入"，如图3-152所示。"时间线"面板中的效果如图3-153所示。

图 3-150　　　　　　图 3-151　　　　　　图 3-152　　　　　　图 3-153

⑮ 在"效果"面板中展开"视频过渡"特效分类选项，单击"溶解"文件夹左侧的三角形按钮
将其展开，选中"交叉溶解"特效，如图3-154所示。将"交叉溶解"特效拖曳到"时间线"面板中的"16"文件的开始位置，如图3-155所示。

⑯ 选中"时间线"面板中的"交叉溶解"特效，在"效果控件"面板中将"持续时间"选项设为00:00:00:08，"对齐"选项设为"中心切入"，如图3-156所示。"时间线"面板中的效果如图3-157所示。

图 3-154　　　　　　图 3-155　　　　　　图 3-156　　　　　　图 3-157

⑰ 在"效果"面板中展开"视频过渡"特效分类选项，单击"溶解"文件夹左侧的三角形按钮
将其展开，选中"渐隐为白色"特效，如图3-158所示。将"渐隐为白色"特效拖曳到"时间线"面板中的"17"文件的结束位置和"18"文件的开始位置，如图3-159所示。

⑱ 选中"时间线"面板中的"渐隐为白色"特效，在"效果控件"面板中将"持续时间"选项设为00:00:00:10，"对齐"选项设为"中心切入"，如图3-160所示。"时间线"面板中的效果如图3-161所示。

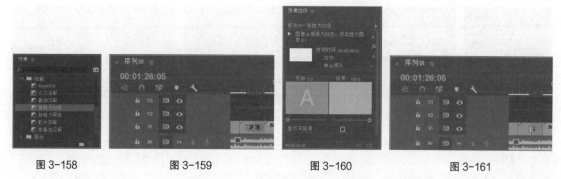

图3-158　　　　　　图3-159　　　　　　图3-160　　　　　　图3-161

⑲ 在"效果"面板中展开"视频过渡"特效分类选项，单击"滑动"文件夹左侧的三角形按钮▶将其展开，选中"拆分"特效，如图3-162所示。将"拆分"特效拖曳到"时间线"面板中的"17"文件的开始位置，如图3-163所示。

⑳ 选中"时间线"面板中的"拆分"特效，在"效果控件"面板中将"持续时间"选项设为00:00:00:16，"对齐"选项设为"中心切入"，如图3-164所示。"时间线"面板中的效果如图3-165所示。

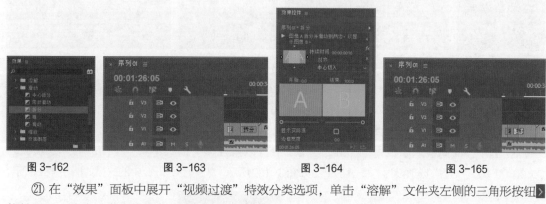

图3-162　　　　　　图3-163　　　　　　图3-164　　　　　　图3-165

㉑ 在"效果"面板中展开"视频过渡"特效分类选项，单击"溶解"文件夹左侧的三角形按钮▶将其展开，选中"交叉溶解"特效，如图3-166所示。将"交叉溶解"特效拖曳到"时间线"面板中的"15"文件的开始位置，如图3-167所示。

㉒ 选中"时间线"面板中的"交叉溶解"特效，在"效果控件"面板中将"持续时间"选项设为00:00:00:13，"对齐"选项设为"中心切入"，如图3-168所示。"时间线"面板中的效果如图3-169所示。

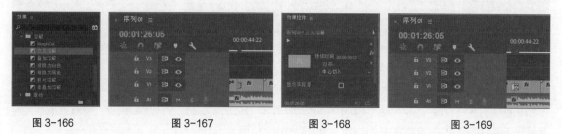

图3-166　　　　　　图3-167　　　　　　图3-168　　　　　　图3-169

㉓ 在"效果"面板中展开"视频过渡"特效分类选项，单击"沉浸式视频"文件夹左侧的三角形按钮▶将其展开，选中"VR漏光"特效，如图3-170所示。将"VR漏光"特效拖曳到"时间线"面板中的"27"文件的开始位置，如图3-171所示。

㉔ 选中"时间线"面板中的"VR 漏光"特效，在"效果控件"面板中将"持续时间"选项设为00:00:00:15，"对齐"选项设为"中心切入"，如图 3-172 所示。"时间线"面板中的效果如图 3-173 所示。

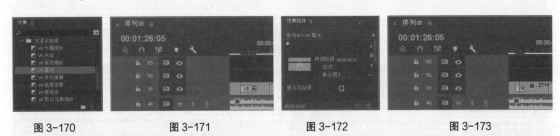

图 3-170　　　　　　图 3-171　　　　　　图 3-172　　　　　　图 3-173

㉕ 在"效果"面板中展开"视频过渡"特效分类选项，单击"沉浸式视频"文件夹左侧的三角形按钮▶将其展开，选中"VR 光线"特效，如图 3-174 所示。将"VR 光线"特效拖曳到"时间线"面板中的"28"文件的开始位置，如图 3-175 所示。

㉖ 选中"时间线"面板中的"VR 光线"特效，在"效果控件"面板中将"持续时间"选项设为00:00:00:22，"对齐"选项设为"中心切入"，如图 3-176 所示。"时间线"面板中的效果如图 3-177 所示。

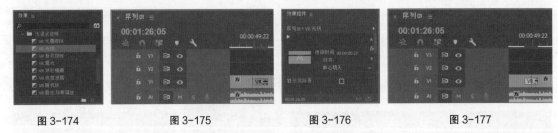

图 3-174　　　　　　图 3-175　　　　　　图 3-176　　　　　　图 3-177

㉗ 在"效果"面板中展开"视频过渡"特效分类选项，单击"滑动"文件夹左侧的三角形按钮▶将其展开，选中"推"特效，如图 3-178 所示。将"推"特效拖曳到"时间线"面板中的"29"文件的开始位置，如图 3-179 所示。

㉘ 选中"时间线"面板中的"推"特效，在"效果控件"面板中将"持续时间"选项设为00:00:00:20，"对齐"选项设为"中心切入"，如图 3-180 所示。"时间线"面板中的效果如图 3-181 所示。

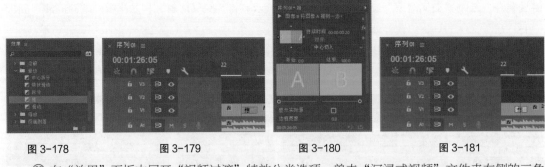

图 3-178　　　　　　图 3-179　　　　　　图 3-180　　　　　　图 3-181

㉙ 在"效果"面板中展开"视频过渡"特效分类选项，单击"沉浸式视频"文件夹左侧的三角形按钮▶将其展开，选中"VR 球形模糊"特效，如图 3-182 所示。将"VR 球形模糊"特效拖曳到"时间线"面板中的"30"文件的开始位置，如图 3-183 所示。

㉚ 选中"时间线"面板中的"VR 球形模糊"特效，在"效果控件"面板中将"持续时间"选项设为 00:00:00:21，"对齐"选项设为"中心切入"，如图 3-184 所示。"时间线"面板中的效果如图 3-185 所示。

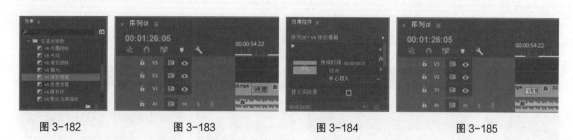

图 3-182   图 3-183   图 3-184   图 3-185

㉛ 在"效果"面板中展开"视频过渡"特效分类选项，单击"滑动"文件夹左侧的三角形按钮▷将其展开，选中"滑动"特效，如图 3-186 所示。将"滑动"特效拖曳到"时间线"面板中的"31"文件的开始位置，如图 3-187 所示。

㉜ 选中"时间线"面板中的"滑动"特效，在"效果控件"面板中将"持续时间"选项设为00:00:01:01，"对齐"选项设为"中心切入"，如图 3-188 所示。"时间线"面板中的效果如图 3-189 所示。

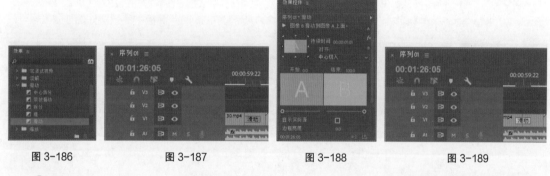

图 3-186   图 3-187   图 3-188   图 3-189

㉝ 在"效果"面板中展开"视频过渡"特效分类选项，单击"沉浸式视频"文件夹左侧的三角形按钮▷将其展开，选中"VR 默比乌斯缩放"特效，如图 3-190 所示。将"VR 默比乌斯缩放"特效拖曳到"时间线"面板中的"32"文件的开始位置，如图 3-191 所示。

㉞ 选中"时间线"面板中的"VR 默比乌斯缩放"特效，在"效果控件"面板中将"持续时间"选项设为 00:00:01:01，"对齐"选项设为"中心切入"，如图 3-192 所示。"时间线"面板中的效果如图 3-193 所示。

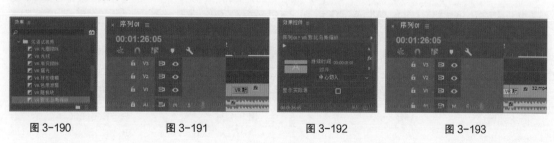

图 3-190   图 3-191   图 3-192   图 3-193

㉟ 在"效果"面板中展开"视频过渡"特效分类选项，单击"擦除"文件夹左侧的三角形按钮▷将其展开，选中"双侧平推门"特效，如图 3-194 所示。将"双侧平推门"特效拖曳到"时间线"面板中的"35"文件的开始位置，如图 3-195 所示。

㊱ 选中"时间线"面板中的"双侧平推门"特效，在"效果控件"面板中将"持续时间"选项设为 00:00:01:01，"对齐"选项设为"中心切入"，如图 3-196 所示。"时间线"面板中的效果如图 3-197 所示。

| 图 3-194 | 图 3-195 | 图 3-196 | 图 3-197 |

㊲ 在"效果"面板中展开"视频过渡"特效分类选项，单击"溶解"文件夹左侧的三角形按钮▷将其展开，选中"交叉溶解"特效，如图 3-198 所示。将"交叉溶解"特效拖曳到"时间线"面板中的"37"文件的开始位置，如图 3-199 所示。

㊳ 选中"时间线"面板中的"交叉溶解"特效，在"效果控件"面板中将"持续时间"选项设为 00:00:00:17，"对齐"选项设为"中心切入"，如图 3-200 所示。"时间线"面板中的效果如图 3-201 所示。

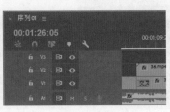

| 图 3-198 | 图 3-199 | 图 3-200 | 图 3-201 |

2. 添加并调整音频过渡

① 在"效果"面板中展开"音频过渡"特效分类选项，单击"交叉淡化"文件夹左侧的三角形按钮▷将其展开，选中"指数淡化"特效，如图 3-202 所示。将"指数淡化"特效拖曳到"时间线"面板中的"40"文件的结束位置，如图 3-203 所示。

② 选中"时间线"面板中的"指数淡化"特效，在"效果控件"面板中将"持续时间"选项设为 00:00:02:11，如图 3-204 所示。"时间线"面板中的效果如图 3-205 所示。

| 图 3-202 | 图 3-203 | 图 3-204 | 图 3-205 |

3.2.6 调整不透明度并制作动画

1. 调整素材的不透明度

① 在"时间线"面板中选择"视频 1"轨道中的"02"文件，如图 3-206 所示。在"效果控件"面板中展开"不透明度"特效，将"不透明度"选项设置为 52.8%，如图 3-207 所示。

② 在"时间线"面板中选择"视频 1"轨道中的"03"文件，如图 3-208 所示。在"效果控件"面板中展开"不透明度"特效，将"不透明度"选项设置为 54%，如图 3-209 所示。

图 3-206

图 3-207

图 3-208

图 3-209

③ 在"时间线"面板中选择"视频 2"轨道中的"08"文件，如图 3-210 所示。在"效果控件"面板中展开"不透明度"特效，将"不透明度"选项设置为 50%，如图 3-211 所示。

④ 在"时间线"面板中选择"视频 2"轨道中的"10"文件，如图 3-212 所示。在"效果控件"面板中展开"不透明度"特效，将"不透明度"选项设置为 58%，如图 3-213 所示。

图 3-210

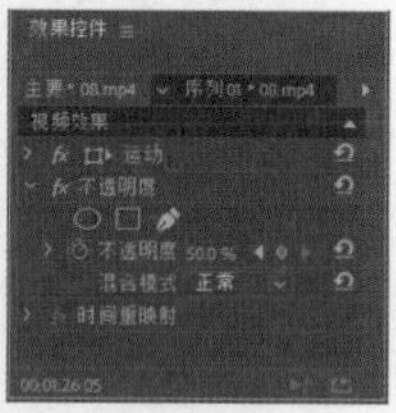

图 3-212

图 3-213

图 3-211

⑤ 在"时间线"面板中选择"视频 2"轨道中的"36"文件，如图 3-214 所示。在"效果控件"面板中展开"不透明度"特效，将"不透明度"选项设置为 50%，如图 3-215 所示。

图 3-214

图 3-215

2. 制作素材的不透明度动画

① 将时间标签放置在 00:00:09:11 的位置，在"时间线"面板中选择"视频 2"轨道中的"04"文件，如图 3-216 所示。在"效果控件"面板中展开"不透明度"特效，单击"不透明度"选项右侧的"添加 / 移除关键帧"按钮，如图 3-217 所示，记录第 1 个动画关键帧。

图 3-216

图 3-217

② 将时间标签放置在 9:17s 的位置，在"效果控件"面板中将"不透明度"选项设置为 11%，如图 3-218 所示。记录第 2 个动画关键帧，"节目"窗口中的效果如图 3-219 所示。

③ 将时间标签放置在 00:00:10:00 的位置，在"效果控件"面板中将"不透明度"选项设置为 100%，如图 3-220 所示。记录第 3 个动画关键帧，"节目"窗口中的效果如图 3-221 所示。

图 3-218

图 3-219

图 3-220

图 3-221

④ 将时间标签放置在 00:00:10:09 的位置，在"效果控件"面板中单击"不透明度"选项右侧的"添加/移除关键帧"按钮 ◎，如图 3-222 所示。记录第 4 个动画关键帧，"节目"窗口中的效果如图 3-223 所示。

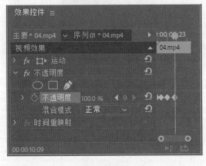

图 3-222

图 3-223

⑤ 将时间标签放置在 00:00:10:16 的位置，在"效果控件"面板中将"不透明度"选项设置为 7.2%，如图 3-224 所示。记录第 5 个动画关键帧，"节目"窗口中的效果如图 3-225 所示。

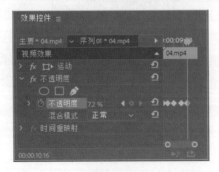

图 3-224

图 3-225

⑥ 将时间标签放置在 00:00:10:23 的位置，在"效果控件"面板中将"不透明度"选项设置为 100%，如图 3-226 所示。记录第 6 个动画关键帧，"节目"窗口中的效果如图 3-227 所示。

图 3-226

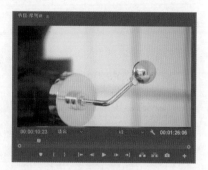

图 3-227

3.2.7 制作位置动画并调整缩放

① 将时间标签放置在 00:00:29:04 的位置，在"时间线"面板中选择"视频 1"轨道中的"15"文件，如图 3-228 所示。在"效果控件"面板中展开"运动"特效，将"位置"选项设置为 965.4 和 679.1，单击"位置"选项左侧的"切换动画"按钮，如图 3-229 所示。记录第 1 个动画关键帧。

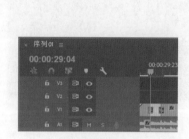

图 3-228

图 3-229

② 将时间标签放置在 00:00:29:21 的位置，在"效果控件"面板中将"位置"选项设置为 965.4 和 392.1，如图 3-230 所示。记录第 2 个动画关键帧。取消勾选"等比缩放"复选框，将"缩放高度"选项设置为 38.4，将"缩放宽度"选项设置为 33.4，如图 3-231 所示。

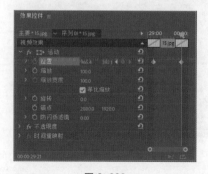

图 3-230

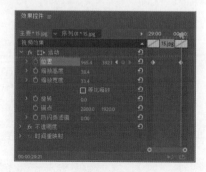

图 3-231

③ 将时间标签放置在 00:00:32:19 的位置，在"时间线"面板中选择"视频 1"轨道中的"18"文件，如图 3-232 所示。在"效果控件"面板中展开"运动"特效，将"位置"选项设置为 1 130.4

和 521.1，单击"位置"选项左侧的"切换动画"按钮 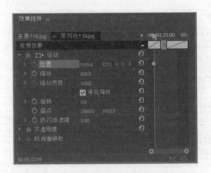，如图 3-233 所示。记录第 3 个动画关键帧。

图 3-232

图 3-233

④ 将时间标签放置在 00:00:33:12 的位置，在"效果控件"面板中将"位置"选项设置为 809.4 和 521.1，如图 3-234 所示。记录第 4 个动画关键帧。取消勾选"等比缩放"复选框，将"缩放高度"选项设置为 41.4，将"缩放宽度"选项设置为 33.4，如图 3-235 所示。

图 3-234

图 3-235

⑤ 将时间标签放置在 00:00:39:02 的位置，在"时间线"面板中选择"视频 1"轨道中的"22"文件，如图 3-236 所示。在"效果控件"面板中展开"运动"特效，将"位置"选项设置为 1 112.4 和 388.1，单击"位置"选项左侧的"切换动画"按钮 ，如图 3-237 所示。记录第 5 个动画关键帧。

图 3-236

图 3-237

⑥ 将时间标签放置在 00:00:39:19 的位置，在"效果控件"面板中将"位置"选项设置为 796.4 和 388.1，如图 3-238 所示。记录第 6 个动画关键帧。取消勾选"等比缩放"复选框，将"缩放高度"选项设置为 39.4，将"缩放宽度"选项设置为 33.4，如图 3-239 所示。

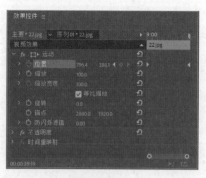

图 3-238

图 3-239

⑦ 在"时间线"面板中选择"视频 1"轨道中的"23"文件,如图 3-240 所示。在"效果控件"面板中展开"运动"特效,将"位置"选项设置为 1 043.4 和 521.1,单击"位置"选项左侧的"切换动画"按钮 ,如图 3-241 所示。记录第 7 个动画关键帧。

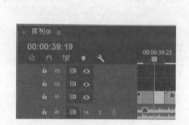

图 3-240

图 3-241

⑧ 将时间标签放置在 00:00:40:12 的位置,在"效果控件"面板中将"位置"选项设置为 887.4 和 521.1,如图 3-242 所示。记录第 8 个动画关键帧。取消勾选"等比缩放"复选框,将"缩放高度"选项设置为 36.4,将"缩放宽度"选项设置为 33.4,如图 3-243 所示。

图 3-242

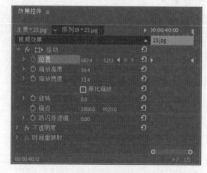

图 3-243

3.2.8 导出视频文件

选择"文件 > 导出 > 媒体"命令,弹出"导出设置"对话框,具体的设置如图 3-244 所示。单击"导出"按钮,导出视频文件。

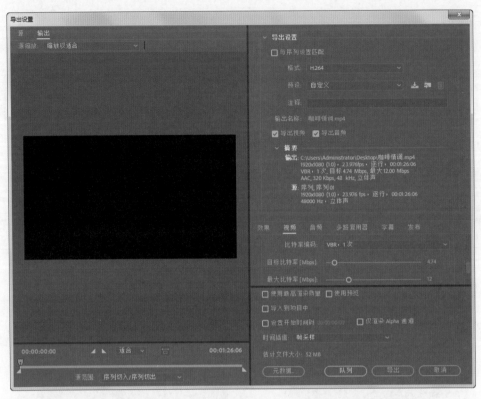

图 3-244

3.3 课后习题

1. 任务

拍摄与制作一条生活中的一个小窍门的应用短视频。

2. 任务要求

时长：2分钟。

素材要求：不少于20条素材组合。

拍摄要求：应用手动对焦效果完成视频素材的拍摄，注意景深的控制。

制作要求：根据生活小窍门的应用技巧完成短视频的制作。

第 4 章
旅拍 vlog 短视频

▶ **本章介绍**

　　本章将详细讲解旅拍 vlog 短视频的拍摄方法和制作技巧。通过对本章的学习，读者能够熟练应用手机拍摄短视频，并能拍摄前期视频转场，为后期的视频处理打下坚实的基础。

学习目标

- 掌握手机拍摄短视频的方法。
- 了解前期视频转场的拍摄方法。
- 熟练掌握旅拍 vlog 短视频的制作方法。

旅拍 vlog
短视频

4.1 拍摄期

旅拍 vlog 短视频可以使用手机进行拍摄。本节将重点讲解在拍摄短视频时的注意事项和小技巧，为短视频后期的处理和制作提供帮助。

4.1.1 使用手机拍摄短视频

随着移动端的普及和网络的提速，人们使用手机拍摄短视频的现象越来越普遍，手机摄影摄像已是常态。用手机拍摄视频很简单，无论是 iOS 系统还是安卓系统，只需打开手机的相机界面，然后切换到视频模式，单击录制按钮即可进行拍摄。下面具体介绍使用手机拍摄旅拍 vlog 短视频的方法和技巧。

1. 决定手机拍摄画框——横幅还是竖幅

在使用手机拍摄 vlog 短视频时，若要在显示器或网络上播放观看，则需要选择横幅，如图 4-1 所示。若要在手机应用平台上播放观看，则需要选择竖幅。在拍摄一系列连续的素材时，要保持方向一致，不能中途改变。

2. 启用网格参考线

使用手机拍摄时，利用画面的网格参考线可以更容易地形成简单的构图，拍摄出更符合审美要求的 vlog 短视频。在 iOS 系统中打开网格参考线的方式如图 4-2 所示。在安卓系统中打开网格参考线的方式如图 4-3 所示。

图 4-1

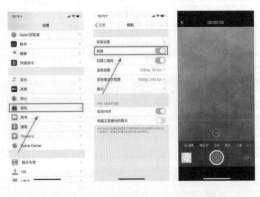

图 4-2

图 4-3

3. 使用高帧率拍摄

无论是安卓系统还是 iOS 系统，默认的视频分辨率都是 1920px×1080px 的高清模式。视频的帧速率则默认是 30 帧 / 秒或 25 帧 / 秒。若后期制作短视频时需要添加更多的效果且需要保证画质无损，建议在前期拍摄时将视频的帧速率调整为 50 帧 / 秒或 60 帧 / 秒。iOS 系统的帧数调整方式如图 4-4 所示。安卓系统的帧速率调整方式如图 4-5 所示。

图 4-4　　　　　　　　　　　　　　　　　图 4-5

4. 保持画面稳定

　　拍摄视频与拍摄照片的过程有明显的区别，视频具有连续性，所以在拍摄时要尽可能保持画面的稳定，为后期的处理和制作留有选择的余地。而手机体积较小、重量较轻，在拍摄时不易保持稳定，需要使用手机稳定器和三脚架等配件进行辅助拍摄，或者也可以将手臂靠在身体上，形成一个"三脚架"，以达到一定的稳定效果。即使可能还是会有轻微的抖动，但至少不会产生强烈的震动。

4.1.2　短视频视听语言——使用运动镜头拍摄

　　在拍摄 vlog 短视频时，无论是使用手机拍摄还是使用其他摄像设备拍摄，使用运动镜头都是 vlog 短视频最有代表性的拍摄方法。同时，运动镜头也是最能体现视频特点的视觉语言。在 vlog 短视频中应用运动镜头，可以让短视频更具有动感和节奏感。

1. 运动镜头的拍摄

　　运动镜头的拍摄是指通过拍摄设备机位的变化，让画面产生动感效果的拍摄。运动镜头的拍摄改变了观看者视点固定的状态，在画面的景别、角度、透视空间和构图等方面更加具有灵活多变性，拓展了画面的表现空间。

　　一个完整的运动镜头包括起幅、运动过程和落幅 3 个部分。从起幅到落幅的过程能够使观看者不断调整自己的观看范围，从而产生身临其境之感，如图 4-6 所示。

　　运动镜头包括推、拉、摇、移、跟和升降等基本形式，这些基本形式形成推镜头拍摄、拉镜头拍摄、摇镜头拍摄、移镜头拍摄、跟镜头拍摄、升降镜头拍摄和综合运动镜头拍摄等，如图 4-7 所示。

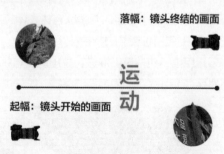

图 4-6

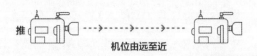

推　　机位由远至近

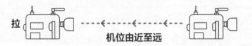

拉　　机位由近至远

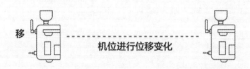

移　　机位进行位移变化

摇

机位不变、朝向改变

图 4-7

2．推镜头拍摄

推镜头拍摄是指拍摄画面向被摄主体方向推进，或者改变镜头焦距使画面框架由远至近地向被摄主体不断接近的拍摄方法。

（1）推镜头的画面特征

◆　具有明确的被摄主体。

◆　形成由远至近、不断推进的视觉前移效果。

◆　被摄主体由小变大，周围环境由大变小。

（2）推镜头的功能和表现力

◆　突出被摄主体、重点形象、细节，以及重要的情节因素。

◆　在一个镜头中介绍整体与局部、环境与主体的关系。

◆　推进速度的快慢可以影响和调整画面表现节奏。

◆　突出一个重要的元素以表达主体特定的含义。

（3）使用推镜头进行拍摄

运用推镜头拍摄出推进与拉出的素材视频。视频中的 0：02 为镜头的起幅，如图 4-8 所示。接下来为推进过程。0：04 为镜头的落幅，如图 4-9 所示。（本节中的时间格式，如 0：02，表示 0 分 2 秒。）

图 4-8

图 4-9

3. 拉镜头拍摄

拉镜头拍摄是指拍摄画面逐渐远离被摄主体，或改变镜头焦距使画面框架由近至远地与被摄主体逐渐拉开距离的拍摄方法。

（1）拉镜头的画面特征

◆ 形成由近至远、逐渐拉开的视觉后移效果。

◆ 被摄主体由大变小，周围环境由小变大。

（2）拉镜头的功能和表现力

◆ 有利于表现主体与所处环境的关系。

◆ 取景范围能够从小到大不断扩展。

◆ 以主体的局部关注点为起幅，有利于引导观看者想象整体形象。

◆ 在一个镜头中画面景别保持连续变化可以让画面连贯。

◆ 与推镜头相比，拉镜头能使观看者产生微妙的感情色彩，增加好奇心。

◆ 常作为结束性和结论性的镜头，也可作为转场镜头。

（3）使用拉镜头进行拍摄

运用拉镜头拍摄出推进与拉出的素材视频。视频中的 0:06 为镜头的起幅，如图 4-10 所示。接下来为拉出过程。0:09 为镜头的落幅，如图 4-11 所示。

图 4-10   图 4-11

运用拉镜头并旋转拍摄出素材视频。视频中的 0:00 为镜头的起幅，如图 4-12 所示。接下来为拉出过程。0:02 为镜头的落幅，如图 4-13 所示。

图 4-12   图 4-13

4. 摇镜头拍摄

摇镜头拍摄是指机位保持在固定位置，借助三脚架上的云台或拍摄者的身体，有规律地转换镜头朝向的拍摄方法。

（1）摇镜头的画面特征

◆ 模拟人们转动头部观察环境或将视线由一点连续转换到另一点的视觉效果。

◆ 改变观看者的视觉注意力。

（2）摇镜头的功能和表现力

◆ 展示空间，扩大视野。

- ◆ 在有限的画面框架里传达更多的视觉信息。
- ◆ 能够介绍同一场景中两个被摄主体的内在联系。
- ◆ 把两个被摄主体连接起来，形成暗喻、对比、并列或因果等关系。
- ◆ 在镜头摇过3个或3个以上被摄主体的过程中减速、停顿，所得到的镜头可作为转场视频镜头使用。
- ◆ 在一个稳定的起幅画面后利用极快的摇速可以使画面中的形象全部虚化，以形成具有特殊表现力的转场效果。
- ◆ 便于表现运动主体的运动方向。
- ◆ 可以用摇镜头将被摄主体摇出画面，制造悬念和改变视觉注意力。
- ◆ 可以迅速使用非水平的倾斜摇、旋转摇等效果表现出特殊效果。
- ◆ 是画面转场的有效方法之一。

（3）使用摇镜头进行拍摄的注意事项

- ◆ 必须注意机位和角度，高度一般与人同高，画面不超过人物头部，或被摄主体不宜太高，否则会使画面中有另外的表现含义。
- ◆ 在大范围场景中使用摇镜头进行拍摄时，要考虑被摄主体的正面，同时还要保持运动过程画面的稳定。
- ◆ 要把握好摇镜头拍摄的速度，速度主要是以看清画面内容的节奏来确定。在画面中直立物体较多的情况下，水平摇镜头时应注意速度不能过快，否则会产生"频闪"现象。
- ◆ 利用三脚架水平摇镜头拍摄时要注意云台转动部分的松紧程度。利用身体转动时，要预先计划好身体转动的轨迹，转动到落幅处时要保持稳定。
- ◆ 在起幅和落幅处要注意画面的构图，运动过程中画面构图可以不完整。

（4）使用摇镜头进行拍摄

运用上摇拍摄素材视频。视频中的 0:00 为镜头的起幅，如图 4-14 所示。接下来为上摇过程。0:07 为镜头的落幅，如图 4-15 所示。

图 4-14

图 4-15

运用连续横摇拍摄素材视频。视频中的 0:00 为镜头的起幅，如图 4-16 所示。接下来为连续横摇过程。0:03 为镜头的落幅，如图 4-17 所示。

图 4-16

图 4-17

运用遮挡转场加上摇拍摄素材视频。视频中的 0:00 为镜头的起幅，如图 4-18 所示。接下来为遮挡转场加上摇过程。0:03 为镜头的落幅，如图 4-19 所示。

图 4-18

图 4-19

运用手部遮挡转场加上摇拍摄素材视频。视频中的 0:01 为镜头的起幅，如图 4-20 所示。接下来为手部遮挡转场加上摇过程。0:03 为镜头的落幅，如图 4-21 所示。

图 4-20

图 4-21

运用旋转加下摇拍摄素材视频。视频中的 0:05 为镜头的起幅，如图 4-22 所示。接下来为旋转加下摇过程。0:08 为镜头的落幅，如图 4-23 所示。

图 4-22

图 4-23

运用移动加下摇拍摄素材视频。视频中的 0:05 为镜头的起幅，如图 4-24 所示。接下来为移动加下摇过程。0:09 为镜头的落幅，如图 4-25 所示。

图 4-24

图 4-25

运用左摇接右摇拍摄素材视频。视频中的 0:06 为镜头的起幅，如图 4-26 所示。接下来为左摇接右摇过程。0:10 为镜头的落幅，如图 4-27 所示。

图 4-26

图 4-27

运用左摇拍摄素材视频。视频中的 0:02 为镜头的起幅，如图 4-28 所示。接下来为左摇过程。0:04 为镜头的落幅，如图 4-29 所示。

图 4-28

图 4-29

5. 移镜头拍摄

移镜头拍摄是指在拍摄过程中拍摄设备的位置发生变化，边移动拍摄设备边拍摄的拍摄方法，可以分为横移、纵移、垂直移和同步移 4 种情况。

（1）移镜头的画面特征

◆ 画面框架始终处于运动中，画面内的物体呈现出位置不断移动的状态。

◆ 产生观看者运动的视觉感受，可以模拟使用交通工具以及行走时的视觉效果。

◆ 画面空间是完整而连贯的，拍摄设备不停地运动，每时每刻都在改变观看者的视点，在一个镜头中形成一组完整的运动过程，使画面有节奏。

（2）移镜头的功能和表现力

◆ 开拓了画面的造型空间，创造出了独特的运动视觉艺术效果。

◆ 在表现大场面、大纵深、多景物、多层次的复杂场景时具有气势恢宏的表现优势。

◆ 能有效地表现空间和灵活地进行场面调度。

◆ 可以表现某种主观倾向，有强烈主观性的镜头可以表现出自然生动的真实感和现场感。

◆ 与固定拍摄不同，移镜头可以形成多种多样的视点，可以表现出各种运动条件下的视觉效果。

（3）使用移镜头进行拍摄的注意事项

◆ 横移镜头一般不宜用于展示离主体距离较远的事物，而主要用于展示离主体距离较近的事物。

◆ 保证拍摄设备能平稳、匀速地运动是获得理想画面的前提。

◆ 主要用于表现人与物、人与人、物与物之间的空间关系，或者用于把事物逐一连接展示。

（4）使用移镜头进行拍摄

运用前移拍摄素材视频。视频中的 0:06 为镜头的起幅，如图 4-30 所示。接下来为前移过程。0:18 为镜头的落幅，如图 4-31 所示。

运用前移加手部遮挡拍摄素材视频。视频中的 0:00 为镜头的起幅，如图 4-32 所示。接下来为前移加手部遮挡过程。0:04 为镜头的落幅，如图 4-33 所示。

图 4-30

图 4-31

图 4-32

图 4-33

运用手部遮挡加前移拍摄素材视频。视频中的 0:06 为镜头的起幅，如图 4-34 所示。接下来为手部遮挡加前移过程。0:10 为镜头的落幅，如图 4-35 所示。

图 4-34

图 4-35

运用仰角移动拍摄素材视频。视频中的 0:00 为镜头的起幅，如图 4-36 所示。接下来为仰角移动过程。0:07 为镜头的落幅，如图 4-37 所示。

图 4-36

图 4-37

运用移动加平移拍摄素材视频。视频中的 0:02 为镜头的起幅，如图 4-38 所示。接下来为移动加平移过程。0:04 为镜头的落幅，如图 4-39 所示。

图 4-38

图 4-39

运用移动加下摇拍摄素材视频。视频中的 0:00 为镜头的起幅，如图 4-40 所示。接下来为移动加下摇过程。0:04 为镜头的落幅，如图 4-41 所示。

图 4-40

图 4-41

6. 跟镜头拍摄

跟镜头拍摄是指拍摄设备始终跟随运动着的拍摄对象，使同一运动对象一直保持在画面中的拍摄方法。

（1）跟镜头的画面特征

◆ 画面始终跟随一个运动的主体。

◆ 被摄主体在画面中的位置相对固定。

（2）跟镜头的功能和表现力

◆ 能够连续而详尽地表现运动中的被摄主体，既能突出主体，又能交待主体运动方向、速度、体态及与环境的关系。

◆ 跟随被摄主体一起运动，形成主体不变、背景变化的运动效果，让人物引出环境。

◆ 从被摄主体背后跟随拍摄的跟镜头，由于观看者与被摄主体的视点一致，可以表现出一种具有主观性的镜头。

◆ 对人物、事件、场面跟随记录的表现方式在纪实性节目和新闻的拍摄中有着重要的纪实性作用。

（3）使用跟镜头进行拍摄的注意事项

◆ 被摄主体的速度不论多么快、移动多么复杂多变，都要力求被摄主体固定在画面中的某个位置上。

◆ 拍摄设备的运动速度要与被摄主体的运动速度大致相同。

◆ 拍摄过程中尽量保持画面的主体比例变化不大。

（4）使用跟镜头进行拍摄

运用跟拍拍摄素材视频。视频中的 0:00 为镜头的起幅，如图 4-42 所示。接下来为跟拍过程。0:09 为镜头的落幅，如图 4-43 所示。

图 4-42

图 4-43

运用跟拍拍摄素材视频。视频中的 0:04 为镜头的起幅，如图 4-44 所示。接下来为跟拍过程。0:23 为镜头的落幅，如图 4-45 所示。

图 4-44　　　　　　　　　　　　　图 4-45

7. 升降镜头拍摄

升降镜头拍摄是指拍摄设备借助升降装置一边升降一边拍摄的拍摄方法。升降装置可以是升降车、摇臂、稳定器或其他辅助拍摄设备等，也可以借助身体的蹲、站进行小幅度的升降拍摄。按升降方式的不同，升降镜头可以分为垂直升降、斜向升降以及不规则升降。

（1）升降镜头的画面特征

◆ 带来了画面视域的更替和扩展。

◆ 形成了视点的连续变化，有利于表现更多的空间环境。

（2）升降镜头的功能和表现力

◆ 有利于表现高大物体的完整性。

◆ 展示场面的规模、气势和氛围。

◆ 可以实现一个镜头内的内容转换与调度。

◆ 可以表现出画面内容中感情状态的变化。

（3）使用升降镜头进行拍摄

运用升降拍摄素材视频。视频中的 0:00 为镜头的起幅，如图 4-46 所示。接下来为升降过程。0:05 为镜头的落幅，如图 4-47 所示。

图 4-46　　　　　　　　　　　　　图 4-47

8. 综合运动镜头拍摄

综合运动镜头拍摄是指在一个镜头中把推、拉、摇、移、跟、升降等各种运动方式不同程度地、有机地结合起来的拍摄方法。

（1）综合运动镜头的画面特征

◆ 产生了更为复杂多变的画面效果。

◆ 画面的运动轨迹是多方向、多方式运动合一后的结果。

（2）综合运动镜头的功能和表现力

◆ 有利于在一个镜头中记录和表现一个场景中一段相对完整的情节。

◆ 是形成画面效果多变的有力手段。

◆ 有利于展现现实生活的流程。

◆ 有利于通过画面结构表达出运动性的综合效果。

◆ 可以与音乐的旋律变化互相配合，形成画面形象与音乐一体化的节奏感。

（3）使用综合运动镜头进行拍摄

运用旋转加下摇拍摄素材视频。视频中的 0:01 为镜头的起幅，如图 4-48 所示。接下来为综合运动过程。0:04 为镜头的落幅，如图 4-49 所示。

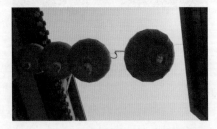

图 4-48   图 4-49

运用上摇加左摇拍摄素材视频。视频中的 0:01 为镜头的起幅，如图 4-50 所示。接下来为综合运动过程。0:11 为镜头的落幅，如图 4-51 所示。

图 4-50   图 4-51

运用起幅移动、落幅移动加摇动拍摄素材视频。视频中的 0:01 为镜头的起幅，如图 4-52 所示。接下来为综合运动过程。0:17 为镜头的落幅，如图 4-53 所示。

图 4-52   图 4-53

运用上摇加旋转拍摄素材视频。视频中的 0:01 为镜头的起幅，如图 4-54 所示。接下来为综合运动过程。0:13 为镜头的落幅，如图 4-55 所示。

图 4-54   图 4-55

运用旋转上摇加下摇拍摄素材视频。视频中的 0:01 为镜头的起幅，如图 4-56 所示。接下来为综合运动过程。0:12 为镜头的落幅，如图 4-57 所示。

图 4-56

图 4-57

4.1.3 应用前期视频转场

转场是场景与场景之间、镜头与镜头之间的过渡或转换。在前期拍摄时，可以使用起幅和落幅的运动方式进行设计拍摄，这样就可以在后期的制作中利用前期拍摄的视频进行转场连接，而不用加入生硬的后期转场特效，这就是拍摄前期转场视频的作用。常用的 vlog 视频转场技巧包括遮挡转场、摇镜转场、相似环境画面转场等。

1. 遮挡转场

遮挡转场是指利用遮挡物对镜头进行遮挡。

运用手部遮挡加右摇拍摄素材视频。视频中的 0:00 为镜头的起幅，如图 4-58 所示。接下来为手部遮挡加右摇的过程。0:08 为镜头的落幅，如图 4-59 所示。

图 4-58

图 4-59

运用手部遮挡转场加横向旋转拍摄素材视频。视频中的 0:00 为镜头的起幅，如图 4-60 所示。接下来为手部遮挡转场加横向旋转的过程。0:12 为镜头的落幅，如图 4-61 所示。

图 4-60

图 4-61

运用手部遮挡转场加上摇后推进拍摄素材视频。视频中的 0:00 为镜头的起幅，如图 4-62 所示。接下来为手部遮挡转场加上摇后推进的过程。0:08 为镜头的落幅，如图 4-63 所示。

图 4-62

图 4-63

运用手部遮挡转场加右摇后推进拍摄素材视频。视频中的 0:00 为镜头的起幅，如图 4-64 所示。接下来为手部遮挡转场加右摇后推进的过程。0:09 为镜头的落幅，如图 4-65 所示。

图 4-64

图 4-65

运用手部遮挡加前移拍摄素材视频。视频中的 0:00 为镜头的起幅，如图 4-66 所示。接下来为手部遮挡加前移的过程。0:10 为镜头的落幅，如图 4-67 所示。

图 4-66

图 4-67

运用前移加手部遮挡拍摄素材视频。视频中的 0:00 为镜头的起幅，如图 4-68 所示。接下来为前移加手部遮挡的过程。0:07 为镜头的落幅，如图 4-69 所示。

图 4-68

图 4-69

2. 摇镜转场

摇镜转场是指拍摄设备的位置不变，使用镜头变动的方式来调整拍摄角度，进而实现被摄主体的切换或者拍摄主体视野变化的转场。

运用起幅、落幅加上摇拍摄素材视频。视频中的 0:00 为镜头的起幅，如图 4-70 所示。接下来为起幅、落幅加上摇的过程。0:11 为镜头的落幅，如图 4-71 所示。

图 4-70

图 4-71

运用旋转、上摇加下摇拍摄素材视频。视频中的 0:08 为镜头的起幅，如图 4-72 所示。接下来为旋转、上摇加下摇的过程。0:13 为镜头的落幅，如图 4-73 所示。

图 4-72

图 4-73

运用左摇拍摄素材视频。视频中的 0:02 为镜头的起幅，如图 4-74 所示。接下来为左摇的过程。0:03 为镜头的落幅，如图 4-75 所示。

图 4-74

图 4-75

运用上摇加旋转拍摄素材视频。视频中的 0:13 为镜头的起幅，如图 4-76 所示。接下来为上摇加旋转过程。0:17 为镜头的落幅，如图 4-77 所示。

图 4-76

图 4-77

3. 相似环境画面转场

相似环境画面转场是指镜头运动方向大体一致，被摄主体利用相似的环境画面实现画面自由衔接的转场。

运用推进与拉出拍摄素材视频。视频中的 0:00 为镜头的起幅，如图 4-78 所示。接下来为推进与拉出的过程。0:10 为镜头的落幅，如图 4-79 所示。

图 4-78

图 4-79

运用拉出加旋转拍摄素材视频。视频中的 0:00 为镜头的起幅，如图 4-80 所示。接下来为拉出加旋转过程。0:09 为镜头的落幅，如图 4-81 所示。

图 4-80

图 4-81

运用上摇加遮挡转场拍摄素材视频。视频中的 0:00 为镜头的起幅，如图 4-82 所示。接下来为上摇加遮挡的过程。0:09 为镜头的落幅，如图 4-83 所示。

图 4-82

图 4-83

4.2 制作期——制作"北京大前门"短视频

使用"新建"和"导入"命令新建项目并导入视频素材，使用快捷键在"源"窗口中截取和标记视频、音频，使用拖曳方法将序列匹配视频素材，使用"剪辑"命令调整素材的剪辑速度、持续时间和倒放，使用"剃刀"工具切割影片素材，使用"选择"工具移动剪辑后的素材，使用"变速线"调整素材，使用"基本图形"面板添加并编辑片头，使用"新建"命令添加调整图层快速调色，使用"导出"命令导出视频文件。最终效果参看"Ch03/ 北京大前门 / 北京大前门 . prproj"，如图 4-84 所示。

扫码观看
短视频

扫码观看
本案例视频1

扫码观看
本案例视频2

扫码观看
本案例视频3

扫码观看
本案例视频4

图 4-84

4.2.1　新建项目并导入素材

① 启动 Premiere Pro CC 2018 软件，弹出"开始"欢迎界面。单击"新建项目"按钮，弹出"新建项目"对话框，在"位置"选项中选择文件保存的路径，在"名称"文本框中输入文件名"北京大前门"，如图 4-85 所示。单击"确定"按钮，进入软件工作界面。选择"文件 > 新建 > 序列"命令，弹出"新建序列"对话框，如图 4-86 所示。单击"确定"按钮，完成序列的创建。

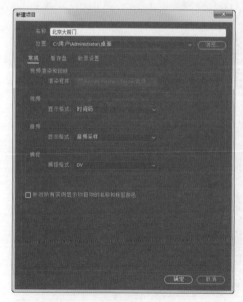

图 4-85

图 4-86

② 选择"文件 > 导入"命令，弹出"导入"对话框，选择云盘中的"Ch04/ 北京大前门 / 素材 / 01 ~ 21"文件，如图 4-87 所示。单击"打开"按钮，将视频文件导入"项目"面板中，如图 4-88 所示。

图 4-87   图 4-88

4.2.2 序列匹配视频素材

① 双击"项目"面板中的"01"文件，在"源"窗口中打开"01"文件，如图 4-89 所示。将时间标签放置在 00:00:01:25 的位置，如图 4-90 所示，按 I 键。创建标记入点，如图 4-91 所示。将时间标签放置在 00:00:10:18 的位置，按 O 键，创建标记出点，如图 4-92 所示。

图 4-89

图 4-90

图 4-91

图 4-92

② 在"时间线"面板中将时间标签放置在 00:00:04:04 的位置，将鼠标指针放置在"源"窗口中画面的位置，选中"源"窗口中的"01"文件并将其拖曳到"时间线"面板中的"视频 1"轨道中，弹出"剪辑不匹配警告"对话框，如图 4-93 所示，单击"更改序列设置"按钮。将"01"文件放置到"视频 1"轨道中，如图 4-94 所示。

图 4-93

图 4-94

4.2.3 截取和标记音频

① 双击"项目"面板中的"21"文件，在"源"窗口中打开"21"文件。根据音频节奏截取音频。将时间标签放置在 00:02:56:15 的位置，按 I 键，创建标记入点，如图 4-95 所示。将时间标签放置在 00:05:17:03 的位置，按 O 键，创建标记出点，如图 4-96 所示。

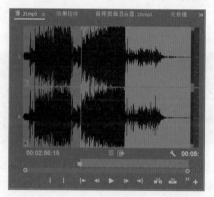

图 4-95

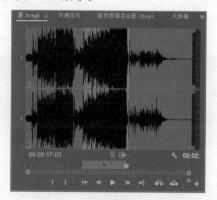

图 4-96

② 播放音频，在适当的位置设置标记。将时间标签放置在 00:02:57:03 的位置，按 M 键，添加标记，如图 4-97 所示。将时间标签放置在 00:03:07:06 的位置，按 M 键，添加标记，如图 4-98 所示。将时间标签放置在 00:03:10:24 的位置，按 M 键，添加标记，如图 4-99 所示。

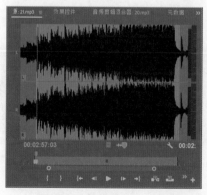

图 4-97

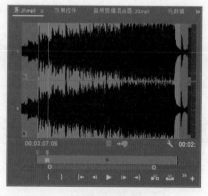

图 4-98

③ 用相同的方法根据音频的节奏在 00:03:13:28、00:03:17:10、00:03:20:23、00:03:24:01、00:03:27:10、00:03:29:24、00:03:37:12、00:03:41:16、00:03:44:02、00:03:47:18、00:03:50:22、00:03:55:25、00:03:57:16、00:04:04:06、00:04:11:02、00:04:17:22、00:04:24:10、00:04:31:03、00:04:37:26、00:04:44:12、00:04:51:05、00:04:57:21、00:05:04:15、00:05:09:05、00:05:11:12 处音频的波峰位置添加标记，如图 4-100 所示。

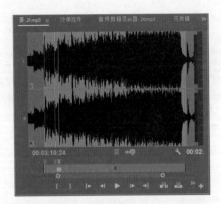

图 4-99

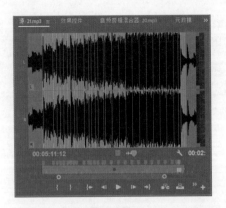

图 4-100

④ 将鼠标指针放置在"源"窗口中画面的位置，选中"源"窗口中的"21"文件并将其拖曳到"时间线"面板中的"音频 1"轨道中，如图 4-101 所示。单击"音频 1"左侧的"切换轨道锁定"按钮 █，锁定轨道，如图 4-102 所示。

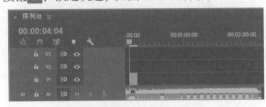

图 4-101

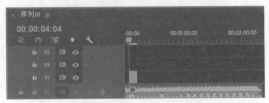

图 4-102

4.2.4 剪辑并调整视频素材

1. 调整素材的剪辑速度和持续时间

① 将时间标签放置在 00:00:07:18 的位置，选择"剃刀"工具 █，在"01"素材文件上单击，切割影片，如图 4-103 所示。选择"选择"工具 █，选择切割后右侧的素材影片，如图 4-104 所示。按 Ctrl+R 组合键，弹出"剪辑速度 / 持续时间"对话框，具体的设置如图 4-105 所示。单击"确定"按钮，效果如图 4-106 所示。

图 4-103

图 4-104

图 4-105

图 4-106

② 按两次 Shift+M 组合键，转到当前时间标签右侧的第 2 个标记位置上，如图 4-107 所示。选择"剃刀"工具 ，在素材文件上单击，切割影片，如图 4-108 所示。选择"选择"工具 ，选择切割后右侧的素材影片。按 Ctrl+R 组合键，弹出"剪辑速度 / 持续时间"对话框，具体的设置如图 4-109 所示。单击"确定"按钮，效果如图 4-110 所示。

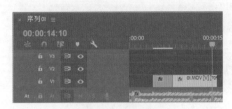

图 4-107

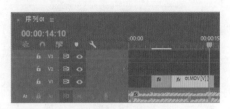

图 4-108

图 4-109

图 4-110

③ 双击"项目"面板中的"02"文件，在"源"窗口中打开"02"文件。将时间标签放置在 00:00:02:23 的位置，按 I 键，创建标记入点，如图 4-111 所示。将时间标签放置在 00:00:03:27 的位置，按 O 键，创建标记出点，如图 4-112 所示。

图 4-111

图 4-112

④ 单击音频轨道左侧的音频标签，如图 4-113 所示。激活音频内容，覆盖插入的音频。将鼠标指针放置在"源"窗口中画面的位置，选中"源"窗口中的"02"文件并将其拖曳到"时间线"面板中的"视频 1"轨道中，如图 4-114 所示。

图 4-113

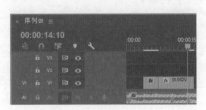

图 4-114

⑤ 将时间标签放置在 00:00:15:01 的位置，选择"剃刀"工具 ◆，在"02"素材文件上单击，切割影片，如图 4-115 所示。选择"选择"工具 ▶，选择切割后右侧的素材影片。按 Shift+M 组合键，转到当前时间标签右侧的第 1 个标记位置上，如图 4-116 所示。按 Ctrl+R 组合键，弹出"剪辑速度 / 持续时间"对话框，具体的设置如图 4-117 所示。单击"确定"按钮，效果如图 4-118 所示。

图 4-115

图 4-116

图 4-117

图 4-118

2. 移动剪辑后的素材

① 双击"项目"面板中的"03"文件，在"源"窗口中打开"03"文件。将时间标签放置在 00:00:01:00 的位置，按 I 键，创建标记入点，如图 4-119 所示。将时间标签放置在 00:00:12:26 的位置，按 O 键，创建标记出点，如图 4-120 所示。

图 4-119

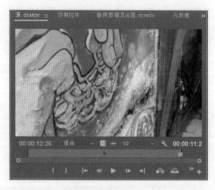

图 4-120

② 将鼠标指针放置在"源"窗口中画面的位置，选中"源"窗口中的"03"文件并将其拖曳到"时间线"面板中的"视频 1"轨道中，如图 4-121 所示。将时间标签放置在 00:00:19:15 的位置，选择"剃刀"工具 ◆，在"03"素材文件上单击，切割影片，如图 4-122 所示。

图 4-121

图 4-122

③ 选择"选择"工具 ![arrow]，选择切割后左侧的素材影片。按 Ctrl+R 组合键，弹出"剪辑速度 / 持续时间"对话框，具体的设置如图 4-123 所示。单击"确定"按钮，效果如图 4-124 所示。

图 4-123

图 4-124

④ 选择"选择"工具 ![arrow]，选择切割后右侧的素材影片，将其拖曳到左侧素材的结束位置，如图 4-125 所示。按 Ctrl+R 组合键，弹出"剪辑速度 / 持续时间"对话框，具体的设置如图 4-126 所示。单击"确定"按钮，效果如图 4-127 所示。按 Shift+M 组合键，转到当前时间标签右侧的第 1 个标记位置上，如图 4-128 所示。

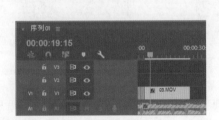

图 4-125

图 4-126

图 4-127

图 4-128

⑤ 选择"剃刀"工具 ![razor]，在"03"素材文件上单击，切割影片，如图 4-129 所示。将时间标签放置在 00:00:23:05 的位置，选择"剃刀"工具 ![razor]，在"03"素材文件上单击，切割影片，如图 4-130 所示。

图 4-129

图 4-130

⑥ 选择"选择"工具 ![arrow]，选择切割后左侧的素材影片。按 Ctrl+R 组合键，弹出"剪辑速度 / 持续时间"对话框，具体的设置如图 4-131 所示。单击"确定"按钮，效果如图 4-132 所示。

图 4-131　　　　　　　　　　　　　　　图 4-132

⑦ 选择"选择"工具 ▶，选择切割后右侧的素材影片，将其拖曳到左侧素材的结束位置处。选择"剃刀"工具 ◈，在"03"素材文件上单击，切割影片，如图 4-133 所示。选择"选择"工具 ▶，选择切割后左侧的素材影片。按 Ctrl+R 组合键，弹出"剪辑速度 / 持续时间"对话框，具体的设置如图 4-134 所示。单击"确定"按钮。

图 4-133　　　　　　　　　　　　　　　图 4-134

⑧ 选择"选择"工具 ▶，选择切割后右侧的素材影片，将其拖曳到左侧素材的结束位置处。按 Ctrl+R 组合键，弹出"剪辑速度 / 持续时间"对话框，具体的设置如图 4-135 所示。调整回原来正常的速率，单击"确定"按钮，效果如图 4-136 所示。

⑨ 按 Shift+M 组合键，转到当前时间标签右侧的第 1 个标记位置上。选择"剃刀"工具 ◈，在"03"素材文件上单击，切割影片，如图 4-137 所示。

图 4-135　　　　　　　　图 4-136　　　　　　　　图 4-137

⑩ 选择"选择"工具 ▶，选择切割后右侧的素材影片，将其拖曳到左侧素材的结束位置处。按 Ctrl+R 组合键，弹出"剪辑速度 / 持续时间"对话框，具体的设置如图 4-138 所示。单击"确定"按钮，效果如图 4-139 所示。

⑪ 双击"项目"面板中的"04"文件，在"源"窗口中打开"04"文件。将时间标签放置在 00:00:00:13 的位置，按 I 键，创建标记入点，如图 4-140 所示。将时间标签放置在 00:00:11:26 的位置，按 O 键，创建标记出点，如图 4-141 所示。

图 4-138

图 4-139

图 4-140

图 4-141

⑫ 将鼠标指针放置在"源"窗口中画面的位置，选中"源"窗口中的"04"文件并将其拖曳到"时间线"面板中的"视频 1"轨道中。将时间标签放置在 00:00:26:04 的位置，选择"剃刀"工具  ，在"04"素材文件上单击，切割影片，如图 4-142 所示。选择"选择"工具 ，选择切割后左侧的素材影片。按 Ctrl+R 组合键，弹出"剪辑速度 / 持续时间"对话框，具体的设置如图 4-143 所示。单击"确定"按钮，效果如图 4-144 所示。将切割后右侧的素材影片拖曳到左侧素材的结束位置，如图 4-145 所示。

图 4-142

图 4-143

图 4-144

图 4-145

⑬ 按Ctrl+R组合键，弹出"剪辑速度/持续时间"对话框，具体的设置如图4-146所示。单击"确定"按钮，效果如图4-147所示。

图 4-146　　　　　　　　　　　　　　　　图 4-147

⑭ 按两次Shift+M组合键，转到当前时间标签右侧的第2个标记位置。选择"剃刀"工具 ，在"04"素材文件上单击，切割影片，如图4-148所示。按Shift+M组合键，转到当前时间标签右侧的第1个标记位置上。选择"剃刀"工具 ，在"04"素材文件上单击，切割影片，如图4-149所示。

图 4-148　　　　　　　　　　　　　　　　图 4-149

⑮ 选择"选择"工具 ，选择切割后左侧的素材影片。按Ctrl+R组合键，弹出"剪辑速度/持续时间"对话框，具体的设置如图4-150所示。单击"确定"按钮，效果如图4-151所示。

图 4-150　　　　　　　　　　　　　　　　图 4-151

⑯ 将切割后右侧的素材影片拖曳到左侧素材的结束位置处，如图4-152所示。选择"剃刀"工具 ，在"04"素材文件上单击，切割影片，如图4-153所示。将时间标签放置在00:00:34:29的位置，选择"剃刀"工具 ，在"04"素材文件上单击，切割影片，如图4-154所示。

图 4-152　　　　　　　　　图 4-153　　　　　　　　　图 4-154

⑰ 选择"选择"工具 ，选择切割后左侧的素材影片。按Ctrl+R组合键，弹出"剪辑速度/

持续时间"对话框，具体的设置如图 4-155 所示。单击"确定"按钮，效果如图 4-156 所示。

图 4-155

图 4-156

⑱ 将切割后右侧的素材影片向左拖曳到左侧素材的结束位置处，如图 4-157 所示。将时间标签放置在 00:00:35:17 的位置，选择"剃刀"工具 ，在"04"素材文件上单击，切割影片，如图 4-158 所示。

图 4-157

图 4-158

⑲ 选择"选择"工具 ▶，选择切割后右侧的素材影片。按 Ctrl+R 组合键，弹出"剪辑速度 / 持续时间"对话框，具体的设置如图 4-159 所示。单击"确定"按钮，效果如图 4-160 所示。

图 4-159

图 4-160

⑳ 双击"项目"面板中的"05"文件，在"源"窗口中打开"05"文件。将时间标签放置在 00:00:02:22 的位置，按 I 键，创建标记入点，如图 4-161 所示。将时间标签放置在 00:00:06:01 的位置，按 O 键，创建标记出点，如图 4-162 所示。

图 4-161

图 4-162

㉑ 将鼠标指针放置在"源"窗口中画面的位置，选中"源"窗口中的"05"文件并将其拖曳到"时间线"面板中的"视频 1"轨道中，如图 4-163 所示。将时间标签放置在 00:00:37:09 的位置，选择"剃刀"工具  ，在"05"素材文件上单击，切割影片，如图 4-164 所示。

图 4-163

图 4-164

㉒ 选择"选择"工具 ▶ ，选择切割后左侧的素材影片。按 Ctrl+R 组合键，弹出"剪辑速度 / 持续时间"对话框，具体的设置如图 4-165 所示。单击"确定"按钮，效果如图 4-166 所示。将切割后右侧的素材影片向左拖曳到左侧素材的结束位置处。

图 4-165

图 4-166

㉓ 按 Ctrl+R 组合键，弹出"剪辑速度 / 持续时间"对话框，具体的设置如图 4-167 所示。单击"确定"按钮，效果如图 4-168 所示。

图 4-167

图 4-168

㉔ 将时间标签放置在 00:00:37:19 的位置，选择"剃刀"工具 ◈ ，在"05"素材文件上单击，切割影片，如图 4-169 所示。选择"选择"工具 ▶ ，选择切割后右侧的素材影片。按 Ctrl+R 组合键，弹出"剪辑速度 / 持续时间"对话框，具体的设置如图 4-170 所示。单击"确定"按钮，效果如图 4-171 所示。

㉕ 双击"项目"面板中的"06"文件，在"源"窗口中打开"06"文件。将时间标签放置在 00:00:00:05 的位置，按 I 键，创建标记入点，如图 4-172 所示。将时间标签放置在 00:00:07:23 的位置，按 O 键，创建标记出点，如图 4-173 所示。

图 4-169

图 4-170

图 4-171

图 4-172

图 4-173

㉖ 将鼠标指针放置在"源"窗口中画面的位置，选中"源"窗口中的"06"文件并将其拖曳到"时间线"面板中的"视频 1"轨道中。将时间标签放置在 00:00:42:14 的位置，选择"剃刀"工具 ，在"06"素材文件上单击，切割影片，如图 4-174 所示。选择"选择"工具 ，选择切割后左侧的素材影片。按 Ctrl+R 组合键，弹出"剪辑速度 / 持续时间"对话框，具体的设置如图 4-175 所示。单击"确定"按钮，效果如图 4-176 所示。

图 4-174

图 4-175

图 4-176

㉗ 将切割后右侧的素材影片向左拖曳到左侧素材的结束位置处。按 Ctrl+R 组合键，弹出"剪辑速度 / 持续时间"对话框，具体的设置如图 4-177 所示。单击"确定"按钮，效果如图 4-178 所示。

㉘ 将时间标签放置在 00:00:40:27 的位置，选择"剃刀"工具 ，在"06"素材文件上单击，切割影片，如图 4-179 所示。选择"选择"工具 ，选择切割后右侧的素材影片。按 Ctrl+R 组合键，弹出"剪辑速度 / 持续时间"对话框，具体的设置如图 4-180 所示。单击"确定"按钮，效果如图 4-181 所示。

图 4-177

图 4-178

图 4-179

图 4-180

图 4-181

㉙ 双击"项目"面板中的"07"文件，在"源"窗口中打开"07"文件。将时间标签放置在 00:00:08:15 的位置，按 I 键，创建标记入点，如图 4-182 所示。将时间标签放置在 00:00:11:09 的位置，按 O 键，创建标记出点，如图 4-183 所示。

图 4-182

图 4-183

㉚ 将鼠标指针放置在"源"窗口中画面的位置，选中"源"窗口中的"07"文件并将其拖曳到"时间线"面板中的"视频 1"轨道中，如图 4-184 所示。选中"项目"面板中的"08"文件并将其拖曳到"时间线"面板中的"视频 1"轨道中，如图 4-185 所示。

图 4-184

图 4-185

㉛ 将时间标签放置在00:00:49:05的位置，选择"剃刀"工具 ✎，在"08"素材文件上单击，切割影片，如图4-186所示。选择"选择"工具 ▶，选择切割后左侧的素材影片。按Ctrl+R组合键，弹出"剪辑速度／持续时间"对话框，具体的设置如图4-187所示。单击"确定"按钮，效果如图4-188所示。

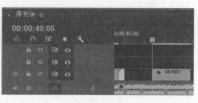

图4-186   图4-187   图4-188

㉜ 将切割后右侧的素材影片向左拖曳到左侧素材的结束位置处。按Ctrl+R组合键，弹出"剪辑速度／持续时间"对话框，具体的设置如图4-189所示。单击"确定"按钮，效果如图4-190所示。

图4-189   图4-190

㉝ 将时间标签放置在00:00:51:03的位置，选择"剃刀"工具 ✎，在"08"素材文件上单击，切割影片。选择"选择"工具 ▶，选择切割后右侧的素材影片。按Ctrl+R组合键，弹出"剪辑速度／持续时间"对话框，具体的设置如图4-191所示。单击"确定"按钮，效果如图4-192所示。

图4-191   图4-192

㉞ 双击"项目"面板中的"09"文件，在"源"窗口中打开"09"文件。将时间标签放置在00:00:00:26的位置，按I键，创建标记入点，如图4-193所示。将时间标签放置在00:00:02:28的位置，按O键，创建标记出点，如图4-194所示。

图 4-193

图 4-194

㉟ 将鼠标指针放置在"源"窗口中画面的位置，选中"源"窗口中的"09"文件并将其拖曳到"时间线"面板中的"视频 1"轨道中，如图 4-195 所示。将时间标签放置在 00:00:52:24 的位置，选择"剃刀"工具 ◈，在"09"素材文件上单击，切割影片，如图 4-196 所示。

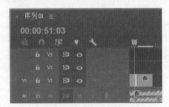

图 4-195

图 4-196

㊱ 选择"选择"工具 ▶，选择切割后左侧的素材影片。按 Ctrl+R 组合键，弹出"剪辑速度 / 持续时间"对话框，具体的设置如图 4-197 所示。单击"确定"按钮，效果如图 4-198 所示。

图 4-197

图 4-198

㊲ 将切割后右侧的素材影片向左拖曳到左侧素材的结束位置处。按 Ctrl+R 组合键，弹出"剪辑速度 / 持续时间"对话框，具体的设置如图 4-199 所示。单击"确定"按钮，效果如图 4-200 所示。

图 4-199

图 4-200

㊳ 双击"项目"面板中的"10"文件，在"源"窗口中打开"10"文件。将时间标签放置在00:00:00:04 的位置，按 I 键，创建标记入点，如图 4-201 所示。将时间标签放置在 00:00:05:06的位置，按 O 键，创建标记出点，如图 4-202 所示。

图 4-201

图 4-202

㊴ 将鼠标指针放置在"源"窗口中画面的位置，选中"源"窗口中的"10"文件并将其拖曳到"时间线"面板中的"视频 1"轨道中。按 Ctrl+R 组合键，弹出"剪辑速度 / 持续时间"对话框，具体的设置如图 4-203 所示。单击"确定"按钮，效果如图 4-204 所示。

㊵ 按两次 Shift+M 组合键，转到当前时间标签右侧的第 2 个标记位置上。选择"剃刀"工具，在"10"素材文件上单击，切割影片，如图 4-205 所示。

图 4-203

图 4-204

图 4-205

㊶ 选择"选择"工具，选择切割后右侧的素材影片。按 Ctrl+R 组合键，弹出"剪辑速度 /持续时间"对话框，具体的设置如图 4-206 所示。单击"确定"按钮，效果如图 4-207 所示。

图 4-206

图 4-207

3. 重复使用和倒放素材

① 双击"项目"面板中的"07"文件，在"源"窗口中打开"07"文件，如图4-208所示。按Ctrl+Shift+X组合键，清除入点和出点，如图4-209所示。

图 4-208

图 4-209

② 将时间标签放置在00:00:00:00的位置，按I键，创建标记入点，如图4-210所示。将时间标签放置在00:00:07:05的位置，按O键，创建标记出点，如图4-211所示。

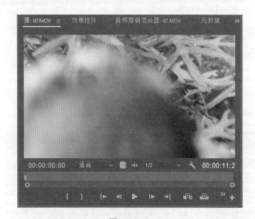

图 4-210

图 4-211

③ 将鼠标指针放置在"源"窗口中画面的位置，选中"源"窗口中的"07"文件并将其拖曳到"时间线"面板中的"视频1"轨道中。按Ctrl+R组合键，弹出"剪辑速度/持续时间"对话框，具体的设置如图4-212所示。单击"确定"按钮，效果如图4-213所示。

图 4-212

图 4-213

④ 双击"项目"面板中的"11"文件，在"源"窗口中打开"11"文件。将时间标签放置在00:00:00:00的位置，按 I 键，创建标记入点，如图4-214所示。将时间标签放置在00:00:09:29的位置，按 O 键，创建标记出点，如图4-215所示。

图 4-214　　　　　　　　　　　　　　　　图 4-215

⑤ 将鼠标指针放置在"源"窗口中画面的位置，选中"源"窗口中的"11"文件并将其拖曳到"时间线"面板中的"视频1"轨道中，如图4-216所示。将时间标签放置在00:01:04:23的位置，选择"剃刀"工具，在"11"素材文件上单击，切割影片，如图4-217所示。

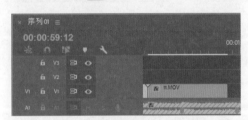 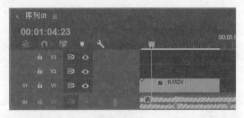

图 4-216　　　　　　　　　　　　　　　　图 4-217

⑥ 选择"选择"工具，选择切割后左侧的素材影片。按 Ctrl+R 组合键，弹出"剪辑速度/持续时间"对话框，具体的设置如图4-218所示。单击"确定"按钮，效果如图4-219所示。

 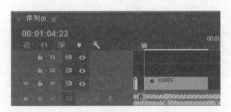

图 4-218　　　　　　　　　　　　　　　　图 4-219

⑦ 将切割后右侧的素材影片向左拖曳到左侧素材的结束位置处。按 Shift+M 组合键，转到当前时间标签右侧的第 1 个标记位置上。选择"剃刀"工具，在"11"素材文件上单击，切割影片，如图4-220所示。选择"选择"工具，选择切割后右侧的素材影片。按 Ctrl+R 组合键，弹出"剪辑速度/持续时间"对话框，设置"速度"选项为50%，单击"确定"按钮，效果如图4-221所示。

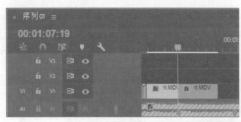

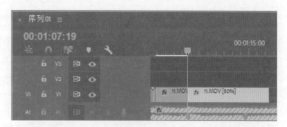

图 4-220　　　　　　　　　　　　　　　　　　　　　　　图 4-221

⑧ 按 Shift+M 组合键,转到当前时间标签右侧的第 1 个标记位置上。选择"剃刀"工具,在"11"素材文件上单击,切割影片,如图 4-222 所示。按 Ctrl+R 组合键,弹出"剪辑速度 / 持续时间"对话框,具体的设置如图 4-223 所示。单击"确定"按钮,效果如图 4-224 所示。

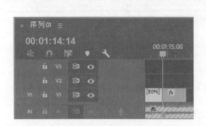

图 4-222　　　　　　　　　　　　图 4-223　　　　　　　　　　　　图 4-224

⑨ 双击"项目"面板中的"12"文件,在"源"窗口中打开"12"文件。将时间标签放置在 00:00:00:00 的位置,按 I 键,创建标记入点,如图 4-225 所示。将时间标签放置在 00:00:08:21 的位置,按 O 键,创建标记出点,如图 4-226 所示。

图 4-225　　　　　　　　　　　　　　　　　　　　　　　图 4-226

⑩ 将鼠标指针放置在"源"窗口中画面的位置,选中"源"窗口中的"12"文件并将其拖曳到"时间线"面板中的"视频 1"轨道中,如图 4-227 所示。将时间标签放置在 00:01:15:19 的位置,选择"剃刀"工具,在"12"素材文件上单击,切割影片,如图 4-228 所示。

⑪ 选择"选择"工具,选择切割后左侧的素材影片。按 Ctrl+R 组合键,弹出"剪辑速度 / 持续时间"对话框,具体的设置如图 4-229 所示。单击"确定"按钮,效果如图 4-230 所示。

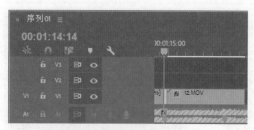

图 4-227

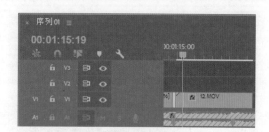

图 4-228

图 4-229

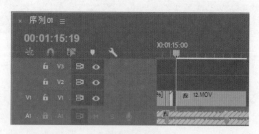

图 4-230

⑫ 将切割后右侧的素材影片向左拖曳到左侧素材的结束位置处。将时间标签放置在 00:01:20:03 的位置，选择"剃刀"工具 ，在"12"素材文件上单击，切割影片，如图 4-231 所示。

图 4-231

⑬ 选择"选择"工具，选择切割后右侧的素材影片。按 Ctrl+R 组合键，弹出"剪辑速度 / 持续时间"对话框，具体的设置如图 4-232 所示。单击"确定"按钮，效果如图 4-233 所示。

图 4-232

图 4-233

⑭ 双击"项目"面板中的"09"文件，在"源"窗口中打开"09"文件，如图 4-234 所示。按 Ctrl+Shift+X 组合键，清除入点和出点，如图 4-235 所示。

图 4-234 图 4-235

⑮ 将时间标签放置在 00:00:02:28 的位置，按 I 键，创建标记入点，如图 4-236 所示。将时间标签放置在 00:00:09:04 的位置，按 O 键，创建标记出点，如图 4-237 所示。

⑯ 将鼠标指针放置在"源"窗口中画面的位置，选中"源"窗口中的"09"文件并将其拖曳到"时间线"面板中的"视频 1"轨道中。选中"时间线"面板中的"视频 1"轨道中的"09"文件。按 Ctrl+R 组合键，弹出"剪辑速度 / 持续时间"对话框，具体的设置如图 4-238 所示。单击"确定"按钮，效果如图 4-239 所示。

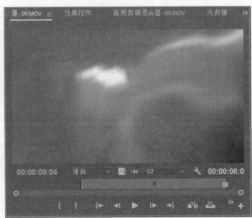

图 4-236 图 4-237

图 4-238 图 4-239

⑰ 按两次 Shift+M 组合键，转到当前时间标签右侧的第 2 个标记位置上。选择"剃刀"工具 ◈，在"09"素材文件上单击，切割影片，如图 4-240 所示。选择"选择"工具 ▶，选择切割后右侧的素材影片。按 Ctrl+R 组合键，弹出"剪辑速度 / 持续时间"对话框，具体的设置如图 4-241 所示。单击"确定"按钮，效果如图 4-242 所示。

图 4-240

图 4-241

图 4-242

⑱ 双击"项目"面板中的"13"文件，在"源"窗口中打开"13"文件。将时间标签放置在 00:00:01:17 的位置，按 I 键，创建标记入点，如图 4-243 所示。将时间标签放置在 00:00:16:00 的位置，按 O 键，创建标记出点，如图 4-244 所示。

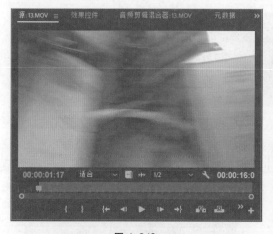

图 4-243

图 4-244

⑲ 将鼠标指针放置在"源"窗口中画面的位置，选中"源"窗口中的"13"文件并将其拖曳到"时间线"面板中的"视频 1"轨道中，如图 4-245 所示。将时间标签放置在 00:01:31:08 的位置，选择"剃刀"工具 ◈，在"13"素材文件上单击，切割影片，如图 4-246 所示。将时间标签放置在 00:01:32:12 的位置，选择"剃刀"工具 ◈，在"13"素材文件上单击，切割影片，如图 4-247 所示。

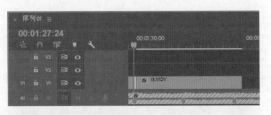

图 4-245

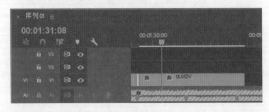

图 4-246

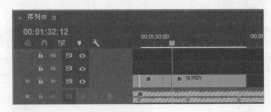

图 4-247

⑳ 选择"选择"工具 ▶，选择切割后左侧的素材影片。按 Ctrl+R 组合键，弹出"剪辑速度 /
持续时间"对话框，具体的设置如图 4-248 所示。单击"确定"按钮，效果如图 4-249 所示。

图 4-248

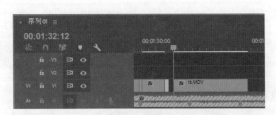

图 4-249

㉑ 将切割后右侧的素材影片向左拖曳到左侧素材的结束位置处。将时间标签放置在 00:01:34:05
的位置，选择"剃刀"工具 ◈，在"13"素材文件上单击，切割影片，如图 4-250 所示。将时间标签放
置在 00:01:35:21 的位置，选择"剃刀"工具 ◈，在"13"素材文件上单击，切割影片，如图 4-251 所示。

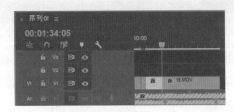

图 4-250

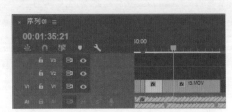

图 4-251

㉒ 选择"选择"工具 ,选择切割后左侧的素材影片。按 Ctrl+R 组合键,弹出"剪辑速度 / 持续时间"对话框,具体的设置如图 4-252 所示。单击"确定"按钮,效果如图 4-253 所示。

图 4-252

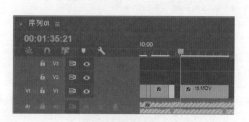

图 4-253

㉓ 将切割后右侧的素材影片向左拖曳到左侧素材的结束位置处。将时间标签放置在 00:01:36:20 的位置,选择"剃刀"工具 ,在"13"素材文件上单击,切割影片,如图 4-254 所示。 将时间标签放置在 00:01:38:02 的位置,选择"剃刀"工具 ,在"13"素材文件上单击,切割影 片,如图 4-255 所示。

图 4-254

图 4-255

㉔ 选择"选择"工具 ,选择切割后左侧的素材影片。按 Ctrl+R 组合键,弹出"剪辑速度 / 持续时间"对话框,具体的设置如图 4-256 所示。单击"确定"按钮,效果如图 4-257 所示。

图 4-256

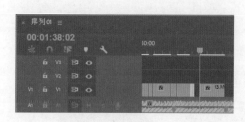

图 4-257

㉕ 将切割后右侧的素材影片向左拖曳到左侧素材的结束位置处。将时间标签放置在 00:01:38:19 的位置,选择"剃刀"工具 ,在"13"素材文件上单击,切割影片,如图 4-258 所示。 将时间标签放置在 00:01:39:24 的位置,选择"剃刀"工具 ,在"13"素材文件上单击,切割影 片,如图 4-259 所示。

㉖ 选择"选择"工具 ,选择切割后左侧的素材影片。按 Ctrl+R 组合键,弹出"剪辑速度 / 持续时间"对话框,具体的设置如图 4-260 所示。单击"确定"按钮,效果如图 4-261 所示。

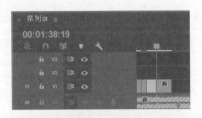

图 4-258

图 4-259

图 4-260

图 4-261

㉗ 将切割后右侧的素材影片向左拖曳到左侧素材的结束位置处。按 Ctrl+R 组合键，弹出"剪辑速度 / 持续时间"对话框，具体的设置如图 4-262 所示。单击"确定"按钮，效果如图 4-263 所示。

图 4-262

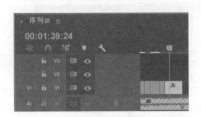

图 4-263

㉘ 双击"项目"面板中的"14"文件，在"源"窗口中打开"14"文件。将时间标签放置在 00:00:00:00 的位置，按 I 键，创建标记入点，如图 4-264 所示。将时间标签放置在 00:00:07:22 的位置，按 O 键，创建标记出点，如图 4-265 所示。

图 4-264

图 4-265

㉙ 将鼠标指针放置在"源"窗口中画面的位置，选中"源"窗口中的"14"文件并将其拖曳到"时间线"面板中的"视频 1"轨道中。选中"时间线"面板中的"视频 1"轨道中的"14"文件。按 Ctrl+R 组合键，弹出"剪辑速度 / 持续时间"对话框，具体的设置如图 4-266 所示。单击"确定"按钮，效果如图 4-267 所示。

图 4-266

图 4-267

㉚ 将时间标签放置在 00:01:44:05 的位置，选择"剃刀"工具，在"14"素材文件上单击，切割影片，如图 4-268 所示。

㉛ 选择"选择"工具，选择切割后左侧的素材影片。按 Ctrl+R 组合键，弹出"剪辑速度 / 持续时间"对话框，具体的设置如图 4-269 所示。单击"确定"按钮，效果如图 4-270 所示。将切割后右侧的素材影片向左拖曳到左侧素材的结束位置处。

图 4-268

图 4-269

图 4-270

㉜ 双击"项目"面板中的"15"文件，在"源"窗口中打开"15"文件。将时间标签放置在 00:00:16:21 的位置，按 I 键，创建标记入点，如图 4-271 所示。将时间标签放置在 00:00:23:11 的位置，按 O 键，创建标记出点，如图 4-272 所示。

㉝ 将鼠标指针放置在"源"窗口中画面的位置，选中"源"窗口中的"15"文件并将其拖曳到"时间线"面板中的"视频 1"轨道中，如图 4-273 所示。将时间标签放置在 00:01:49:22 的位置，选择"剃刀"工具，在"15"素材文件上单击，切割影片，如图 4-274 所示。

㉞ 选择"选择"工具，选择切割后左侧的素材影片。按 Ctrl+R 组合键，弹出"剪辑速度 / 持续时间"对话框，具体的设置如图 4-275 所示。单击"确定"按钮，效果如图 4-276 所示。将切割后右侧的素材影片向左拖曳到左侧素材的结束位置处。

图 4-271

图 4-272

图 4-273

图 4-274

图 4-275

图 4-276

㉟ 选择切割后右侧的素材影片。按 Ctrl+R 组合键,弹出"剪辑速度 / 持续时间"对话框,具体的设置如图 4-277 所示。单击"确定"按钮,效果如图 4-278 所示。

图 4-277

图 4-278

㊱ 将时间标签放置在 00:01:54:02 的位置,选择"剃刀"工具 ，在"15"素材文件上单击,切割影片,如图 4-279 所示。选择"选择"工具 ，选择切割后右侧的素材影片。按 Ctrl+R 组合键,弹出"剪

辑速度 / 持续时间"对话框，具体的设置如图 4-280 所示。单击"确定"按钮，效果如图 4-281 所示。

图 4-279   图 4-280   图 4-281

③⑦ 双击"项目"面板中的"16"文件，在"源"窗口中打开"16"文件。将时间标签放置在 00：00：00：15 的位置，按 I 键，创建标记入点，如图 4-282 所示。将时间标签放置在 00：00：08：07 的位置，按 O 键，创建标记出点，如图 4-283 所示。

图 4-282   图 4-283

③⑧ 将鼠标指针放置在"源"窗口中画面的位置，选中"源"窗口中的"16"文件并将其拖曳到"时间线"面板中的"视频 1"轨道中，如图 4-284 所示。将时间标签放置在 00：01：55：09 的位置，选择"剃刀"工具 🔪，在"16"素材文件上单击，切割影片，如图 4-285 所示。

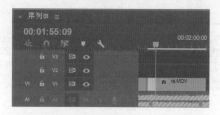

图 4-284   图 4-285

③⑨ 选择"选择"工具 ▶，选择切割后左侧的素材影片。按 Ctrl+R 组合键，弹出"剪辑速度 / 持续时间"对话框，具体的设置如图 4-286 所示。单击"确定"按钮，效果如图 4-287 所示。

④⓪ 将切割后右侧的素材影片向左拖曳到左侧素材的结束位置处。将时间标签放置在 00：01：58：27 的位置，选择"剃刀"工具 🔪，在"16"素材文件上单击，切割影片，如图 4-288 所示。

图 4-286

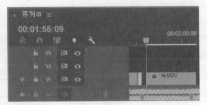

图 4-287

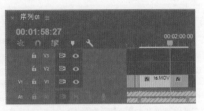

图 4-288

㊶ 选择"选择"工具 ▶，选择切割后右侧的素材影片。按 Ctrl+R 组合键，弹出"剪辑速度 / 持续时间"对话框，具体的设置如图 4-289 所示。单击"确定"按钮，效果 如图 4-290 所示。

图 4-289

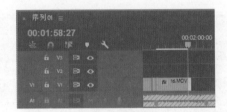

图 4-290

㊷ 双击"项目"面板中的"17"文件，在"源"窗口中打开"17"文件。将时间标签放置在 00:00:04:02 的位置，按 I 键，创建标记入点，如图 4-291 所示。将时间标签放置在 00:00:11:02 的位置，按 O 键，创建标记出点，如图 4-292 所示。

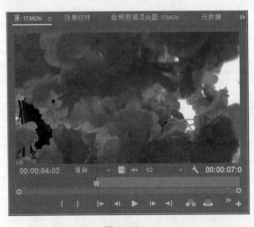

图 4-291

图 4-292

㊸ 将鼠标指针放置在"源"窗口中画面的位置，选中"源"窗口中的"17"文件并将其拖曳到"时间线"面板中的"视频 1"轨道中，如图 4-293 所示。将时间标签放置在 00:02:01:07 的位置，选择"剃刀"工具 ◆，在"17"素材文件上单击，切割影片，如图 4-294 所示。

㊹ 选择"选择"工具 ▶，选择切割后左侧的素材影片。按 Ctrl+R 组合键，弹出"剪辑速度 / 持续时间"对话框，具体的设置如图 4-295 所示。单击"确定"按钮，效果如图 4-296 所示。

图 4-293

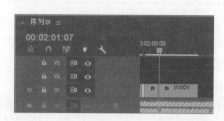

图 4-294

图 4-295

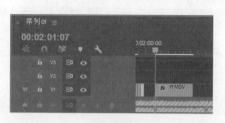

图 4-296

㊺ 将切割后右侧的素材影片向左拖曳到左侧素材的结束位置处。按 Ctrl+R 组合键，弹出"剪辑速度 / 持续时间"对话框，具体的设置如图 4-297 所示。单击"确定"按钮，效果如图 4-298 所示。

图 4-297

图 4-298

㊻ 将时间标签放置在 00：02：04：02 的位置，选择"剃刀"工具，在"17"素材文件上单击，切割影片，如图 4-299 所示。选择"选择"工具，选择切割后右侧的素材影片。按 Ctrl+R 组合键，弹出"剪辑速度 / 持续时间"对话框，具体的设置如图 4-300 所示。单击"确定"按钮，效果如图 4-301 所示。

图 4-299

图 4-300

图 4-301

㊸ 双击"项目"面板中的"18"文件，在"源"窗口中打开"18"文件。将时间标签放置在 00:00:13:27 的位置，按 I 键，创建标记入点，如图 4-302 所示。将时间标签放置在 00:00:17:28 的位置，按 O 键，创建标记出点，如图 4-303 所示。

图 4-302   图 4-303

㊽ 将鼠标指针放置在"源"窗口中画面的位置，选中"源"窗口中的"18"文件并将其拖曳到"时间线"面板中的"视频 1"轨道中，如图 4-304 所示。将时间标签放置在 00:02:05:29 的位置，选择"剃刀"工具 ◆，在"18"素材文件上单击，切割影片，如图 4-305 所示。

图 4-304   图 4-305

㊾ 选择"选择"工具 ▶，选择切割后左侧的素材影片。按 Ctrl+R 组合键，弹出"剪辑速度 / 持续时间"对话框，具体的设置如图 4-306 所示。单击"确定"按钮，效果如图 4-307 所示。

图 4-306   图 4-307

㊿ 将切割后右侧的素材影片向左拖曳到左侧素材的结束位置处。按 Ctrl+R 组合键，弹出"剪辑速度 / 持续时间"对话框，具体的设置如图 4-308 所示。单击"确定"按钮，效果如图 4-309 所示。

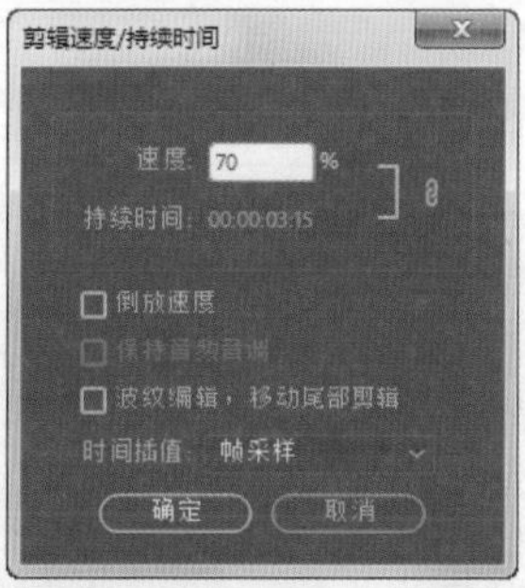

图 4-308

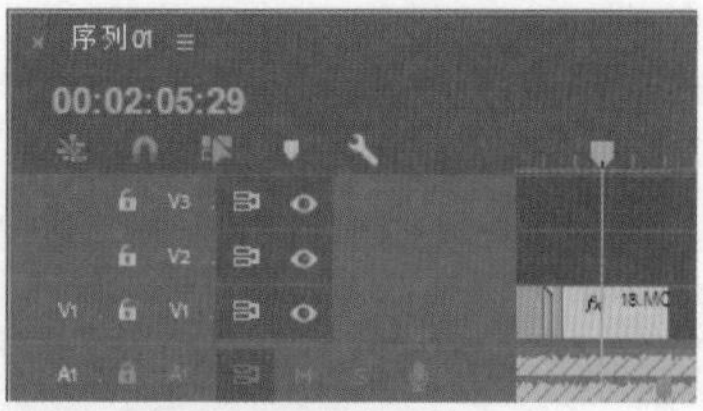

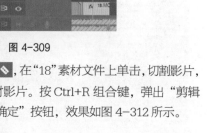

图 4-309

(51) 将时间标签放置在00:02:07:24的位置，选择“剃刀”工具，在“18”素材文件上单击，切割影片，如图 4-310 所示。选择“选择”工具，选择切割后右侧的素材影片。按 Ctrl+R 组合键，弹出“剪辑速度 / 持续时间”对话框，具体的设置如图 4-311 所示。单击“确定”按钮，效果如图 4-312 所示。

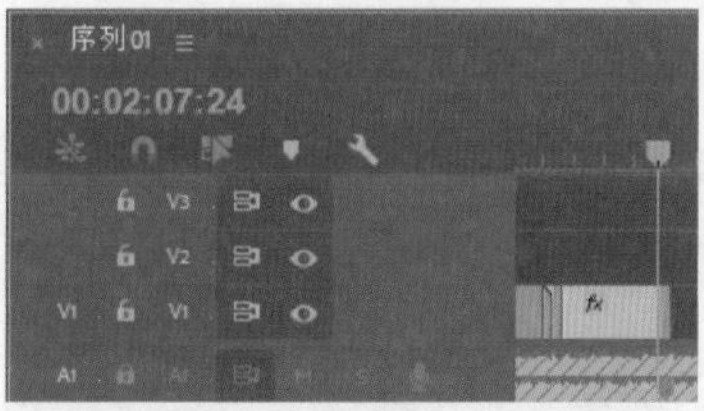

图 4-310

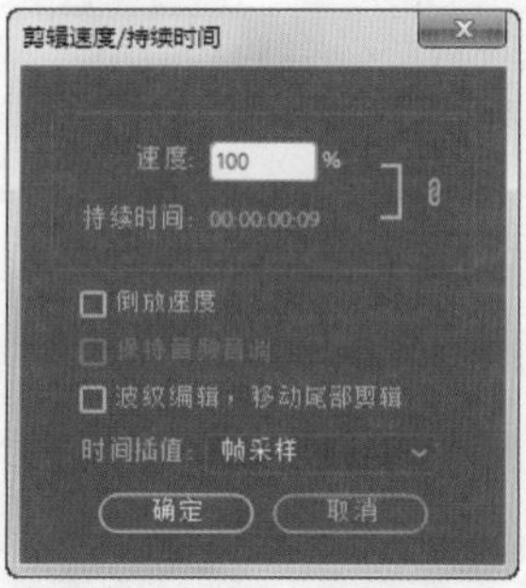

图 4-311

图 4-312

(52) 双击“项目”面板中的“19”文件，在“源”窗口中打开“19”文件。将时间标签放置在00:00:05:17 的位置，按 I 键，创建标记入点，如图 4-313 所示。将时间标签放置在 00:00:09:08 的位置，按 O 键，创建标记出点，如图 4-314 所示。将鼠标指针放置在“源”窗口中画面的位置，选中“源”窗口中的“19”文件并将其拖曳到“时间线”面板中的“视频 1”轨道中。

图 4-313

图 4-314

4. 使用变速线调整素材

① 双击“项目”面板中的“20”文件，在“源”窗口中打开“20”文件。将时间标签放置在

00:00:00:00 的位置，按 I 键，创建标记入点，如图 4-315 所示。将时间标签放置在 00:00:10:23 的位置，按 O 键，创建标记出点，如图 4-316 所示。

图 4-315　　　　　　　　　　　　　　　　　　图 4-316

② 将鼠标指针放置在"源"窗口中画面的位置，选中"源"窗口中的"20"文件并将其拖曳到"时间线"面板中的"视频 1"轨道中，如图 4-317 所示。调整"视频 1"轨道的轨道宽度，如图 4-318 所示。

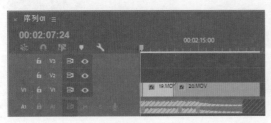

图 4-317　　　　　　　　　　　　　　　　　　图 4-318

③ 在"20"文件上单击鼠标右键，在弹出的菜单中选择"显示剪辑关键帧 > 时间重映射 > 速度"命令，显示素材速度线，如图 4-319 所示。将时间标签放置在 00:02:16:12 的位置，如图 4-320 所示。

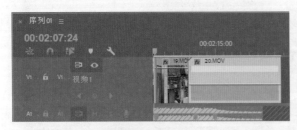 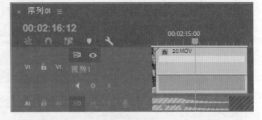

图 4-319　　　　　　　　　　　　　　　　　　图 4-320

④ 在按住 Ctrl 键的同时，将鼠标指针放置在速度线上，当鼠标指针变为 状时，在标签位置单击，添加变速关键帧，如图 4-321 所示。向下拖曳左侧的变速线，根据下方的数值变化确认变速线的位置，如图 4-322 所示。确认后松开鼠标左键。

⑤ 向上拖曳右侧的变速线，根据下方的数值变化确认变速线的位置，如图 4-323 所示。确认后松开鼠标左键，如图 4-324 所示。

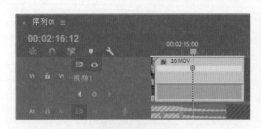

图 4-321

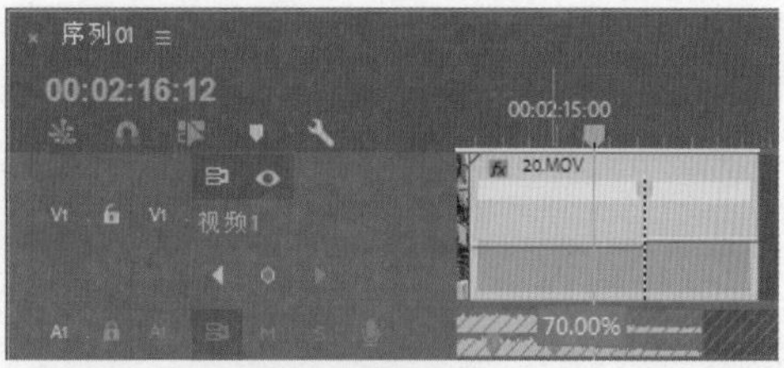

图 4-322

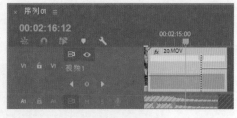

图 4-323

图 4-324

⑥ 拖曳左侧的变速点到适当的位置，使速度线呈梯形，如图 4-325 所示。

图 4-325

4.2.5 添加并编辑片头

① 单击工作界面上方的"图形"按钮，进入"图形"工作区。在"基本图形"面板中单击 [图标] 按钮，弹出"打开"对话框，选择云盘中的"Ch04/ 北京大前门 / 素材 /Kinetic Text 15"文件，如图 4-326 所示。单击"打开"按钮，将模板导入"基本图形"面板中，如图 4-327 所示。

图 4-326

图 4-327

② 选择"基本图形"面板中的"Kinetic Text 15"文件，将其拖曳到"时间线"面板中的"视频2"轨道中，如图4-328所示。选择"视频2"轨道中的"Kinetic Text 15"文件，在"基本图形"面板中选择"编辑"选项卡，具体的设置如图4-329所示。

图 4-328   图 4-329

③ 将时间标签放置在00:00:04:04的位置，将鼠标指针放在"Kinetic Text 15"文件的结束位置，当鼠标指针呈 ⬛ 状时单击，选取编辑点，如图4-330所示。按E键，将所选编辑点扩展到播放指示器的位置，如图4-331所示。

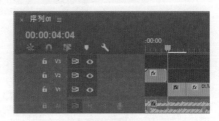

图 4-330   图 4-331

④ 在"时间线"面板中将"Kinetic Text 15"文件拖曳到"视频1"轨道中，如图4-332所示。在"效果控件"面板中将"缩放"选项设为50.0，如图4-333所示。

图 4-332   图 4-333

⑤ 在"效果"面板中展开"视频过渡"特效分类选项，单击"溶解"文件夹左侧的三角形按钮
▶将其展开，选中"交叉溶解"特效，如图 4-334 所示。将"交叉溶解"特效拖曳到"时间线"面
板中的"01"文件的开始位置，如图 4-335 所示。再将"交叉溶解"特效拖曳到"时间线"面板中
的"20"文件的结束位置，如图 4-336 所示。

图 4-334   图 4-335   图 4-336

4.2.6　添加调整图层快速调色

① 选择"文件 > 新建 > 调整图层"命令，弹出"调整图层"对话框，如图 4-337 所示。单击"确定"
按钮，在"项目"面板中新建"调整图层"文件，如图 4-338 所示。将"调整图层"文件拖曳到"时
间线"面板中的"视频 2"轨道中，如图 4-339 所示。

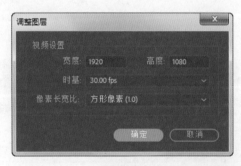

图 4-337   图 4-338

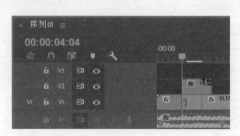

图 4-339

② 将时间指示器放置在 00:02:20:16 的位置，在"视频 2"轨道上选中"调整图层"文件，将
鼠标指针放在"调整图层"文件的结束位置，如图 4-340 所示。当鼠标指针呈◄状时，向前拖曳鼠
标指针到 00:02:20:16 的位置上，如图 4-341 所示。

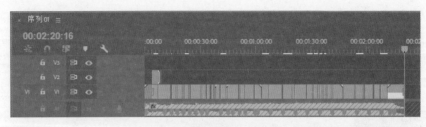

图 4-340

图 4-341

③ 将时间标签放置在 00:00:05:00 的位置，选中"时间线"面板"视频2"轨道中的"调整图层"文件。单击工作界面上方的"颜色"按钮，进入"颜色"工作区。在右侧的"Lumetri 颜色"面板中展开"创意"选项组，将"Look"选项设为"SL BIG"，如图 4-342 所示。将时间标签放置在 00:00:00:00 的位置，按 I 键，创建标记入点，如图 4-343 所示。将时间标签放置在 00:02:20:16 的位置，按 O 键，创建标记出点，如图 4-344 所示。

图 4-342

图 4-343

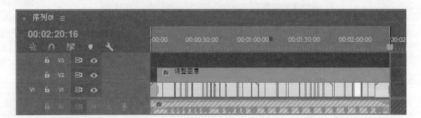

图 4-344

4.2.7 导出视频文件

选择"文件 > 导出 > 媒体"命令，弹出"导出设置"对话框，具体的设置如图 4-345 所示。单击"导出"按钮，导出视频文件。

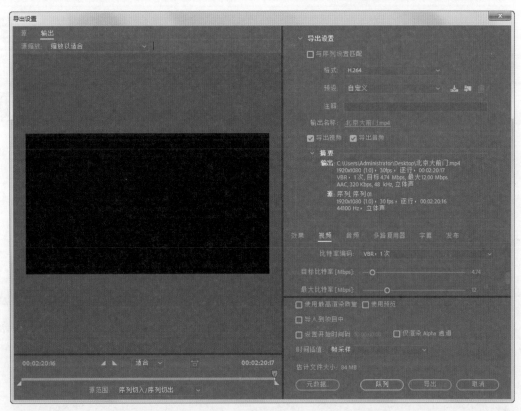

图 4-345

4.3　课后习题

1. 任务

请根据运动镜头的拍摄方法，拍摄关于街边小巷的短视频素材。

2. 任务要求

时长：1 分 30 秒。

素材数量：不得少于 30 条素材。

素材要求：用到每一种运动镜头的拍摄方法。

转场要求：应用转场方法拍摄出有起幅和落幅的素材镜头。

制作要求：挑选合适、有节奏的音频，将素材进行剪辑，制作成完整的短视频。

第 5 章
创意混剪短视频

▶ **本章介绍**

　　本章将详细讲解创意混剪短视频的拍摄方法和制作技巧。通过对本章的学习，读者能够熟练运用节奏对视频镜头进行组接与切分，能够制作创意混剪短视频，为后期的视频拍摄和处理打下坚实的基础。

学习目标

- 了解短视频节奏的重要性。
- 掌握节奏的运用方法。
- 掌握短视频镜头的组接与切分的规律和技巧。
- 熟练掌握创意混剪短视频的制作方法。

创意混剪
短视频

5.1 拍摄期

我们可以利用剪辑手段对视频素材有节奏地进行组接与切分。本节将重点讲解节奏的运用方法和视频镜头的组接与切分的规律和技巧，为短视频后期的处理和制作提供帮助。

5.1.1 节奏的重要性

节奏本身是带有规律和韵律的变化过程。节奏的变化是动态艺术的灵魂，也是短视频后期制作、组接、合成的依据。

1. 节奏的概述

节奏是视频制作的一种重要手段，贯穿在视频各要素之间。恰如其分地使用节奏可以使观看者产生心理互动，制作出带有艺术内涵的作品。混乱地使用节奏则易使人产生烦躁心理，不易产生心理互动。

2. 视频的节奏感

视频主要是视听艺术的一种表现形式，视频的节奏包括视觉节奏和听觉节奏。短视频的后期制作，就是要将这两种节奏结合起来，形成视频内容的统一节奏，从而形成具有一定意义的视频片段。

节奏的把控不仅是在前期拍摄时要尽量拍摄出相应的素材，还要在后期制作时将素材有节奏地表现出来。有"节奏感"就是将视频里表现的故事展现出有趣、环环相扣的效果，避免松散、混乱的简单镜头堆积。

5.1.2 节奏的运用

镜头剪辑节奏分为视频节奏和音频节奏两个方面。对节奏点进行控制和组接可以使画面更加流畅舒适，且具有艺术感。

1. 节奏的控制

视频节奏是通过画面转换来获得的。节奏舒缓时，可以拉长镜头，适合用于表现叙事和情节等的镜头；节奏强时，可以加快镜头切换的速度，适合用于表现奔跑、突然转换、强烈动势等的镜头。同时，要注意，在节奏强、重音多时，不要频繁切换镜头，否则容易使人产生视觉疲劳，给人不舒适感。

音频节奏是根据音乐的重音点来进行组接的，跟着音乐的节奏打拍子可以突出从缓到急的变化，能与视频素材紧密结合，如图 5-1 所示。

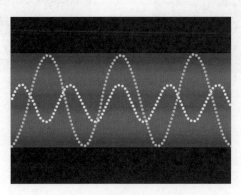

图 5-1

2. 节奏的使用

在片头开启叙事、节奏舒缓时，可以将镜头拉长，如图5-2和图5-3所示。

图 5-2

图 5-3

片中音乐节奏加快，镜头切换速度也加快，3秒钟的时长切换了9～10个镜头，如图5-4和图5-5所示。

图 5-4

图 5-5

5.1.3　视频镜头的组接与切分的规律和技巧

视频作品都是由一系列镜头按一定的规律和次序进行组接与切分，再有逻辑、有构思地连贯组接，从而形成一个完整的统一体。下面，具体介绍这些镜头间的组接与切分的规律和技巧。

1. 编辑的基本原则

同一景别不相接，不能用同一景别切分镜头。相邻两个镜头的景别和主体要有区别，图5-6和图5-7所示为两个相邻镜头，包括一个远景和一个中景。

图 5-6

图 5-7

2. 相似动作的组接

将人物、动物、交通工具等对象的动作和运动中可衔接的动作，与画面主体动作进行连贯性与相似性的组接。

上一个镜头是手中小鸟将要从右侧飞出的镜头，下一个镜头是人物主体向右侧快速骑行的镜头，这两种运动的连接形成了镜头有节奏的切换，如图5-8和图5-9所示。

图 5-8

图 5-9

同样都是主体进行奔跑，3个主体做同样动作的连接形成了镜头的切换，如图 5-10 ~ 图 5-12 所示。

图 5-10

图 5-11

图 5-12

3. 镜头相互之间的连接

主体的动接动原则是在组接切换镜头时，上一个镜头主体是运动的或有运动趋势的，下一个镜头的主体也是运动的或者是有同样运动趋势的。

主体的静接静原则是在组接切换镜头时，上一个镜头主体是静止的或动作逐渐趋向于静止的，下一个镜头的主体也是静止的或者是逐渐趋向于静止的。注意起幅和落幅的设计要符合逻辑，不能出现跳动的视觉感。

上一个镜头的主体向右侧移动，下一个镜头的主体直接将手臂伸出准备放小鸟，如图 5-13 和图 5-14 所示，这两个动作可以进行组接。

图 5-13

图 5-14

上一个镜头的落幅为故意推倒前景人物的运动趋势，下一个镜头虽然是主体人物特写，但是人物主体的头部有略微偏移，如图 5-15 和图 5-16 所示，这样就可以形成两个镜头的联系。

图 5-15

图 5-16

上一个镜头的落幅为主体闭眼过程形成的运动趋势，下一个镜头的起幅是人物宣传的拍摄画面，如图 5-17 和图 5-18 所示，这样就可以形成两个镜头的动作过程的连接。

图 5-17

图 5-18

4. 特写镜头的组接

特写镜头的组接是将主体的某一局部或某个特写画面作为落幅，在下一个镜头组接远景或全景等新的场景镜头，以展示另一情节环境，从而在不知不觉中转换场景和叙述内容。

应用第 2 个特写镜头，将第 1 个镜头的场景转换到第 3 个镜头的场景，从而进行镜头的转换，如图 5-19 ~ 图 5-21 所示。

图 5-19

图 5-20

图 5-21

5. 镜头间的因果关系

镜头间的因果关系是指通过主体的变化，在下一个镜头的主体出现时，让观看者联想到上下画面的关系，起到呼应、对比、隐喻、烘托的作用。这些因果关系可以是语言台词的因果转换、动作连接的因果转换、心理暗示的因果转换等。

图5-22和图5-23所示的内容是语言台词的因果转换，"事实"和"说实话"形成因果关系。

图 5-22

图 5-23

图5-24和图5-25所示的内容是台词与主体人物一致的因果转换，"学习"和"努力"形成因果关系。

图 5-24

图 5-25

图5-26和图5-27所示的内容，是主体挥手转换场景与下一个镜头的人物出场形成的因果关系。

图 5-26

图 5-27

5.2 制作期——制作"影视混剪"短视频

使用"新建"和"导入"命令新建项目并导入视频素材，使用快捷键在"源"窗口中截取和标记视频、音频，使用拖曳方法将序列匹配视频素材，使用"剪辑"命令调整素材的剪辑速度／持续时间，使用"选择"工具移动剪辑后的素材，使用"取消链接"命令取消视频、音频链接，使用"导出"命令导出视频文件。最终效果参看"Ch05/影视混剪/影视混剪.prproj"，如图5-28所示。

图 5-28

5.2.1 新建项目并导入素材

① 启动 Premiere Pro CC 2018 软件，弹出"开始"欢迎界面。单击"新建项目"按钮，弹出"新建项目"对话框，在"位置"选项中选择文件保存的路径，在"名称"文本框中输入文件名"影视混剪"，如图5-29所示。单击"确定"按钮，进入软件工作界面。选择"文件>新建>序列"命令，弹出"新建序列"对话框，如图5-30所示。单击"确定"按钮，完成序列的创建。

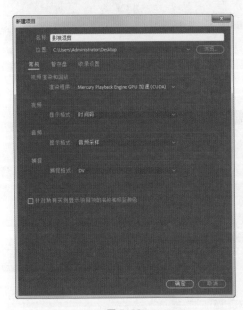

图 5-29   图 5-30

② 选择"文件>导入"命令，弹出"导入"对话框，选择云盘中的"Ch05/影视混剪/素材/01～30"文件，如图5-31所示。单击"打开"按钮，将视频文件导入"项目"面板中，如图5-32所示。

图 5-31

图 5-32

5.2.2 序列匹配视频素材

① 将"项目"面板中的"01"文件拖曳到"时间线"面板中的"视频 1"轨道中,弹出"剪辑不匹配警告"对话框,如图 5-33 所示。单击"更改序列设置"按钮。

② 将"01"文件放置到"视频 1"轨道中,如图 5-34 所示。

图 5-33

图 5-34

5.2.3 截取和标记音频素材

① 双击"项目"面板中的"30"文件,在"源"窗口中打开"30"文件。根据音频节奏截取音频。将时间标签放置在 00:02:05:06 的位置,按 I 键,创建标记入点,如图 5-35 所示。将时间标签放置在 00:03:21:02 的位置,按 O 键,创建标记出点,如图 5-36 所示。

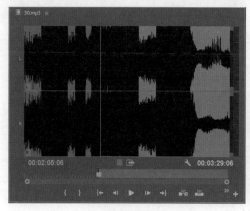

图 5-35

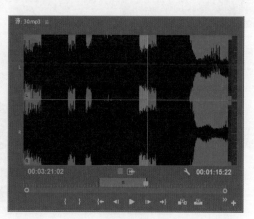

图 5-36

② 播放音频,在适当的位置设置标记。将时间标签放置在00:02:08:12的位置,按M键,添加标记,如图5-37所示。将时间标签放置在00:02:11:22的位置,按M键,添加标记,如图5-38所示。

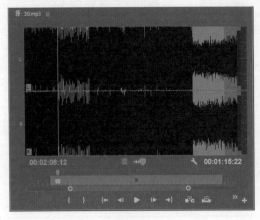

图 5-37

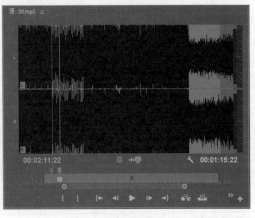

图 5-38

③ 将时间标签放置在00:02:15:11的位置,按M键,添加标记,如图5-39所示。用相同的方法根据音频的节奏在00:02:19:00、00:02:22:15、00:02:26:05、00:02:29:17、00:02:33:07、00:02:36:20、00:02:38:17、00:02:39:13、00:02:40:09、00:02:42:02、00:02:44:00、00:02:45:17、00:02:46:17、00:02:47:18、00:02:51:23、00:02:53:06、00:02:54:16、00:02:56:08、00:02:57:19、00:02:59:23、00:03:01:18、00:03:03:12、00:03:04:21、00:03:07:01处音频的位置添加标记,如图5-40所示。

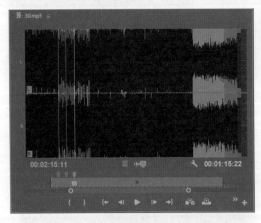

图 5-39

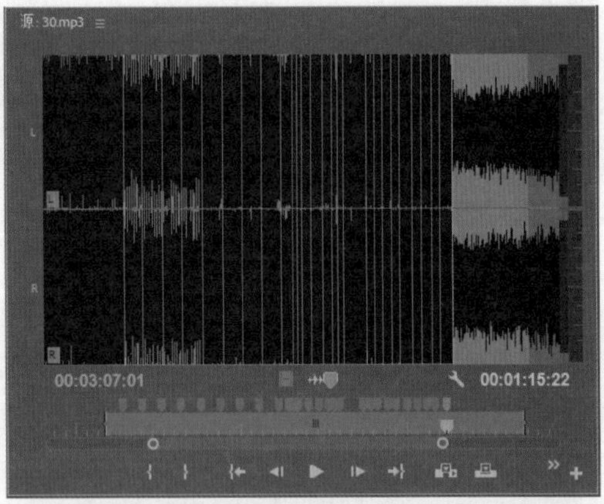

图 5-40

④ 将鼠标指针放置在"源"窗口中画面的位置,选中"源"窗口中的"30"文件并将其拖曳到"时间线"面板中的"音频2"轨道中,如图5-41所示。

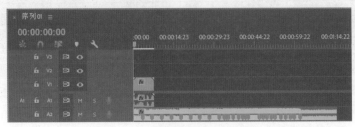

图 5-41

5.2.4 剪辑并调整视频素材

1. 剪辑视频素材编辑点

① 将时间标签放置在 00:00:01:04 的位置，如图 5-42 所示。将鼠标指针放在"01"文件的开始位置，当鼠标指针呈 状时单击，选取编辑点，如图 5-43 所示。

图 5-42

图 5-43

② 将所选编辑点向右拖曳到播放指示器的位置，如图 5-44 所示。选择"选择"工具 ，选择素材影片，将其拖曳到时间线的开始位置处，如图 5-45 所示。

图 5-44

图 5-45

③ 按两次 Shift+M 组合键，转到当前时间标签右侧的第 2 个标记位置上，如图 5-46 所示。将"项目"面板中的"02"文件拖曳到"时间线"面板中的"视频 1"轨道中，如图 5-47 所示。

图 5-46

图 5-47

④ 按 Shift+M 组合键，转到当前时间标签右侧的第 1 个标记位置上，如图 5-48 所示。将鼠标指针放在"02"文件的结束位置，当鼠标指针呈 状时单击，选取编辑点。将所选编辑点向左拖曳到播放指示器的位置，如图 5-49 所示。

图 5-48

图 5-49

⑤ 将"项目"面板中的"03"文件拖曳到"时间线"面板中的"视频1"轨道中，如图5-50所示。按Shift+M组合键，转到当前时间标签右侧的第1个标记位置上。将鼠标指针放在"03"文件的结束位置，当鼠标指针呈◀状时单击，选取编辑点。将所选编辑点向左拖曳到播放指示器的位置，如图5-51所示。

图 5-50

图 5-51

⑥ 将"项目"面板中的"04"文件拖曳到"时间线"面板中的"视频1"轨道中，如图5-52所示。按Shift+M组合键，转到当前时间标签右侧的第1个标记位置上。将鼠标指针放在"04"文件的结束位置，当鼠标指针呈◀状时单击，选取编辑点。将所选编辑点向左拖曳到播放指示器的位置，如图5-53所示。

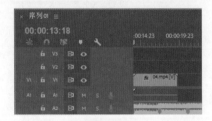

图 5-52

图 5-53

2. 取消视频、音频素材链接

① 将"项目"面板中的"05"文件拖曳到"时间线"面板中的"视频1"轨道中，如图5-54所示。选择"选择"工具▶，选择素材影片，如图5-55所示。

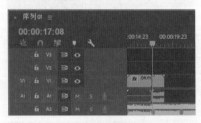

图 5-54

图 5-55

② 选择"剪辑 > 取消链接"命令，取消视频、音频链接，如图5-56所示。选择音频文件，按Delete键删除音频，如图5-57所示。

图 5-56

图 5-57

3. 调整素材的剪辑速度／持续时间

① 选择视频文件。按 Ctrl+R 组合键，弹出"剪辑速度／持续时间"对话框，具体的设置如图 5-58 所示。单击"确定"按钮，效果如图 5-59 所示。

图 5-58

图 5-59

② 将"项目"面板中的"06"文件拖曳到"时间线"面板中的"视频 1"轨道中，如图 5-60 所示。按 Shift+M 组合键，转到当前时间标签右侧的第 1 个标记位置上。将鼠标指针放在"06"文件的结束位置，当鼠标指针呈 状时单击，选取编辑点。按 E 键，将所选编辑点扩展到播放指示器的位置，如图 5-61 所示。

图 5-60

图 5-61

③ 将"项目"面板中的"07"文件拖曳到"时间线"面板中的"视频 1"轨道中，如图 5-62 所示。将"项目"面板中的"08""09"文件拖曳到"时间线"面板中的"视频 1"轨道中，如图 5-63 所示。

图 5-62

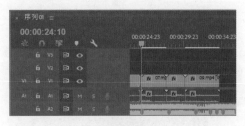

图 5-63

④ 按 3 次 Shift+M 组合键，转到当前时间标签右侧的第 3 个标记位置上，如图 5-64 所示。将鼠标指针放在"09"文件的结束位置，当鼠标指针呈 状时单击，选取编辑点。按 E 键，将所选编辑点扩展到播放指示器的位置，如图 5-65 所示。

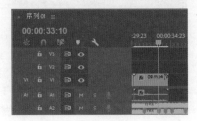

图 5-64

图 5-65

4. 调整视频素材的缩放

① 将"项目"面板中的"10"文件拖曳到"时间线"面板中的"视频 1"轨道中，如图 5-66 所示。按 3 次 Shift+M 组合键，转到当前时间标签右侧的第 3 个标记位置上。将鼠标指针放在"10"文件的结束位置，当鼠标指针呈◀状时单击，选取编辑点。按 E 键，将所选编辑点扩展到播放指示器的位置，如图 5-67 所示。

图 5-66

图 5-67

② 在"时间线"面板选择"视频 1"轨道中的"10"文件，如图 5-68 所示。在"效果控件"面板中展开"运动"特效，将"缩放"选项设置为 128.7，如图 5-69 所示。

图 5-68

图 5-69

③ 将"项目"面板中的"11"文件拖曳到"时间线"面板中的"视频 1"轨道中，如图 5-70 所示。按 Shift+M 组合键，转到当前时间标签右侧的第 1 个标记位置上。将鼠标指针放在"11"文件的结束位置，当鼠标指针呈◀状时单击，选取编辑点。按 E 键，将所选编辑点扩展到播放指示器的位置，如图 5-71 所示。

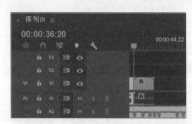

图 5-70

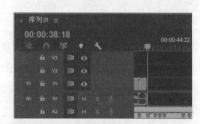

图 5-71

5. 设置视频素材的入点

① 双击"项目"面板中的"12"文件，在"源"窗口中打开"12"文件。将时间标签放置在 00:00:02:07 的位置，按 I 键，创建标记入点，如图 5-72 所示。将"项目"面板中的"12"文件拖曳到"时间线"面板中的"视频 1"轨道中，如图 5-73 所示。

图 5-72   图 5-73

② 按 Shift+M 组合键，转到当前时间标签右侧的第 1 个标记位置上。将鼠标指针放在"12"文件的结束位置，当鼠标指针呈◀状时单击，选取编辑点。按 E 键，将所选编辑点扩展到播放指示器的位置，如图 5-74 所示。将"项目"面板中的"13"文件拖曳到"时间线"面板中的"视频 1"轨道中，如图 5-75 所示。

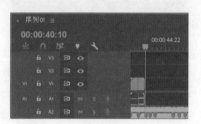
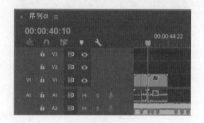

图 5-74   图 5-75

③ 按两次 Shift+M 组合键，转到当前时间标签右侧的第 2 个标记位置上，如图 5-76 所示。将鼠标指针放在"13"文件的结束位置，当鼠标指针呈◀状时单击，选取编辑点。按 E 键，将所选编辑点扩展到播放指示器的位置，如图 5-77 所示。

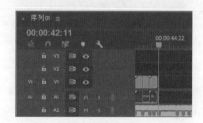

图 5-76   图 5-77

④ 双击"项目"面板中的"14"文件，在"源"窗口中打开"14"文件。将时间标签放置在 00:00:03:13 的位置，按 I 键，创建标记入点，如图 5-78 所示。将"项目"面板中的"14"文件拖曳到"时间线"面板中的"视频 1"轨道中，如图 5-79 所示。

⑤ 按 Shift+M 组合键，转到当前时间标签右侧的第 1 个标记位置上，如图 5-80 所示。将鼠标指针放在"14"文件的结束位置，当鼠标指针呈◀状时单击，选取编辑点。按 E 键，将所选编辑点扩展到播放指示器的位置，如图 5-81 所示。

图 5-78

图 5-79

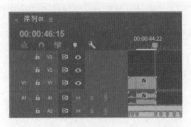

图 5-80

图 5-81

⑥ 将"项目"面板中的"15"文件拖曳到"时间线"面板中的"视频 1"轨道中,如图 5-82 所示。按 Shift+M 组合键,转到当前时间标签右侧的第 1 个标记位置上。将鼠标指针放在"15"文件的结束位置,当鼠标指针呈<状时单击,选取编辑点。按 E 键,将所选编辑点扩展到播放指示器的位置,如图 5-83 所示。

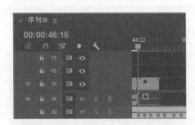

图 5-82

图 5-83

⑦ 选择"15"素材文件。选择"剪辑 > 取消链接"命令,取消视频、音频链接,如图 5-84 所示。选择音频文件,按 Delete 键删除音频,如图 5-85 所示。

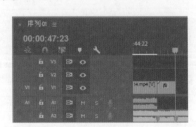

图 5-84

图 5-85

⑧ 将"项目"面板中的"16"文件拖曳到"时间线"面板中的"视频 1"轨道中，如图 5-86 所示。按两次 Shift+M 组合键，转到当前时间标签右侧的第 2 个标记位置上。将鼠标指针放在"16"文件的结束位置，当鼠标指针呈◀状时单击，选取编辑点。按 E 键，将所选编辑点扩展到播放指示器的位置，如图 5-87 所示。

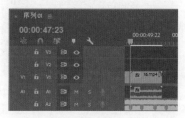

图 5-86

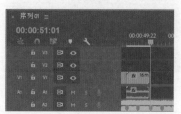

图 5-87

⑨ 将"项目"面板中的"17"文件拖曳到"时间线"面板中的视频 1"轨道中，如图 5-88 所示。按两次 Shift+M 组合键，转到当前时间标签右侧的第 2 个标记位置上。将鼠标指针放在"17"文件的结束位置，当鼠标指针呈◀状时单击，选取编辑点。按 E 键，将所选编辑点扩展到播放指示器的位置，如图 5-89 所示。

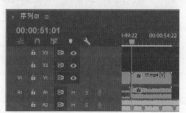

图 5-88

图 5-89

⑩ 选择"17"素材文件。选择"剪辑 > 取消链接"命令，取消视频、音频链接，如图 5-90 所示。选择音频文件，按 Delete 键删除音频，如图 5-91 所示。

图 5-90

图 5-91

⑪ 将"项目"面板中的"18"文件拖曳到"时间线"面板中的"视频 1"轨道中，如图 5-92 所示。按 Shift+M 组合键，转到当前时间标签右侧的第 1 个标记位置上。将鼠标指针放在"18"文件的结束位置，当鼠标指针呈◀状时单击，选取编辑点。按 E 键，将所选编辑点扩展到播放指示器的位置，如图 5-93 所示。

图 5-92

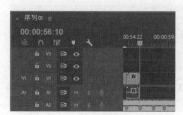

图 5-93

⑫ 选择 "18" 素材文件。选择 "剪辑 > 取消链接" 命令，取消视频、音频链接，如图 5-94 所示。选择音频文件，按 Delete 键删除音频，如图 5-95 所示。

图 5-94

图 5-95

⑬ 将 "项目" 面板中的 "19" 文件拖曳到 "时间线" 面板中的 "视频 1" 轨道中，如图 5-96 所示。按 Shift+M 组合键，转到当前时间标签右侧的第 1 个标记位置上。将鼠标指针放在 "19" 文件的结束位置，当鼠标指针呈 状时单击，选取编辑点。按 E 键，将所选编辑点扩展到播放指示器的位置，如图 5-97 所示。

图 5-96

图 5-97

⑭ 将 "项目" 面板中的 "20" 文件拖曳到 "时间线" 面板中的 "视频 1" 轨道中，如图 5-98 所示。按两次 Shift+M 组合键，转到当前时间标签右侧的第 2 个标记位置上。将鼠标指针放在 "20" 文件的结束位置，当鼠标指针呈 状时单击，选取编辑点。按 E 键，将所选编辑点扩展到播放指示器的位置，如图 5-99 所示。

图 5-98

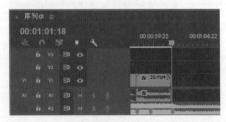

图 5-99

⑮ 将 "项目" 面板中的 "21" 文件拖曳到 "时间线" 面板中的 "视频 1" 轨道中，如图 5-100 所示。将时间标签放置在 00:01:02:19 的位置。将鼠标指针放在 "21" 文件的结束位置，当鼠标指针呈 状时单击，选取编辑点。按 E 键，将所选编辑点扩展到播放指示器的位置，如图 5-101 所示。

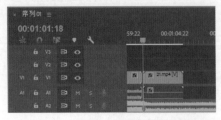

图 5-100

图 5-101

⑯ 将"项目"面板中的"22"文件拖曳到"时间线"面板中的"视频1"轨道中，如图5-102所示。将时间标签放置在00:01:03:20的位置。将鼠标指针放在"22"文件的结束位置，当鼠标指针呈◀┃状时单击，选取编辑点。按E键，将所选编辑点扩展到播放指示器的位置，如图5-103所示。

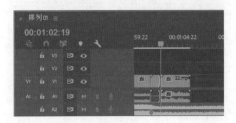

图 5-102

图 5-103

⑰ 将"项目"面板中的"23"文件拖曳到"时间线"面板中的"视频1"轨道中，如图5-104所示。将时间标签放置在00:01:04:20的位置。将鼠标指针放在"23"文件的结束位置，当鼠标指针呈◀┃状时单击，选取编辑点。按E键，将所选编辑点扩展到播放指示器的位置，如图5-105所示。

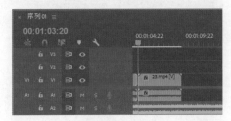

图 5-104

图 5-105

⑱ 双击"项目"面板中的"24"文件，在"源"窗口中打开"24"文件。将时间标签放置在00:00:00:14的位置，按I键，创建标记入点，如图5-106所示。将"项目"面板中的"24"文件拖曳到"时间线"面板中的"视频1"轨道中，如图5-107所示。

图 5-106

图 5-107

⑲ 将时间标签放置在00:01:05:17的位置。将鼠标指针放在"24"文件的结束位置，当鼠标指针呈◀┃状时单击，选取编辑点。按E键，将所选编辑点扩展到播放指示器的位置，如图5-108所示。

⑳ 将"项目"面板中的"25"文件拖曳到"时间线"面板中的"视频1"轨道中，如图5-109所示。将时间标签放

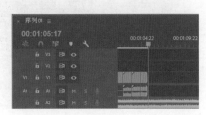

图 5-108

置在 00：01：06：20 的位置。将鼠标指针放在"25"文件的结束位置，当鼠标指针呈◀状时单击，选取编辑点。按 E 键，将所选编辑点扩展到播放指示器的位置，如图 5-110 所示。

图 5-109

图 5-110

㉑ 用圈选的方法将"21"～"25"素材文件选中，如图 5-111 所示。选择"剪辑 > 取消链接"命令，取消视频、音频链接。用圈选的方法将"21"～"25"音频文件选中，按 Delete 键删除音频，如图 5-112 所示。

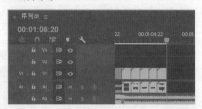
图 5-111

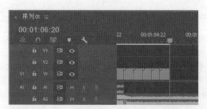
图 5-112

㉒ 将"项目"面板中的"26"文件拖曳到"时间线"面板中的"视频 1"轨道中，如图 5-113 所示。将时间标签放置在 00：01：07：20 的位置。将鼠标指针放在"26"文件的结束位置，当鼠标指针呈◀状时单击，选取编辑点。按 E 键，将所选编辑点扩展到播放指示器的位置，如图 5-114 所示。

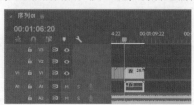
图 5-113

图 5-114

㉓ 双击"项目"面板中的"27"文件，在"源"窗口中打开"27"文件。将时间标签放置在 00：00：00：14 的位置，按 I 键，创建标记入点，如图 5-115 所示。将"项目"面板中的"27"文件拖曳到"时间线"面板中的"视频 1"轨道中，如图 5-116 所示。

图 5-115

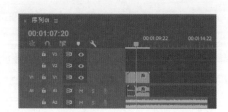
图 5-116

㉔ 将"项目"面板中的"28""29"文件分别拖曳到"时间线"面板中的"视频 1"轨道中，如图 5-117 所示。将鼠标指针放在"29"文件的结束位置，当鼠标指针呈 ▌状时单击，选取编辑点，将所选编辑点拖曳到音频文件的结束位置，如图 5-118 所示。

图 5-117

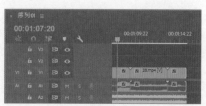

图 5-118

5.2.5 导出视频文件

选择"文件 > 导出 > 媒体"命令，弹出"导出设置"对话框，具体的设置如图 5-119 所示。单击"导出"按钮，导出视频文件。

图 5-119

5.3 | 课后习题

1. 任务

请以时间为主题，选择相关素材进行混剪制作。

2. 任务要求

时长：1 分 30 秒。

素材要求：不少于 20 条素材。

音频要求：选择有明显节奏且节奏强烈的音频。

制作要求：组接每段素材时，必须有明确的组接手段和规律。

第 6 章
宣传片短视频

06

▶ **本章介绍**

　　本章将详细讲解宣传片短视频的拍摄方法和制作技巧。通过对本章的学习，读者能够掌握光的基本性质、表现形式和视频拍摄中的用光技巧，了解收音设备的使用方法和优缺点，为后期的视频拍摄、处理和制作打下坚实的基础。

学习目标

● 掌握光的基本性质和表现形式。
● 掌握视频拍摄的用光技巧。
● 了解收音设备的使用方法和优缺点。
● 熟练掌握宣传片短视频的制作方法。

宣传片短视频

6.1 拍摄期

宣传片短视频在拍摄前期要注意光影表现和用光技巧，声音的收录设备的使用也要根据具体情况进行选择，本节将对这些内容进行具体介绍，为短视频后期的处理和制作打下基础。

6.1.1 视频拍摄中的光

在视频拍摄过程中，正确地理解和运用光影变化是必不可少的步骤，对光与影不同程度的组合和造型可以传达出拍摄者的思维和情感，形成精彩绚丽的画面，展现出视频独特的魅力，创造出优秀的视频作品。

1. 光的基本性质和表现形式

不同的拍摄主题需要使用不同的用光方法，从而达到不同的画面效果。一个合格的拍摄者需要了解视频拍摄中光的基本性质和表现形式。

视频拍摄中的光线可以来自以被摄主体为球心的三维空间中的任意方向，一般用顺光、逆光、侧光、侧顺光、侧逆光、顶光、底光这几种光线来概括。在自然光条件下，太阳作为主要光源，太阳的高度及其与拍摄方向所形成的角度决定光位，如图6-1所示。

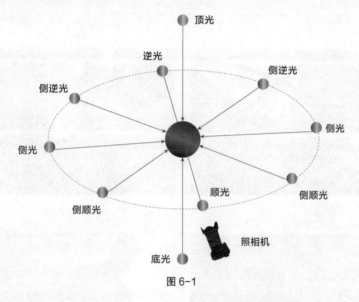

图 6-1

（1）顺光

顺光是指光线的投射方向与拍摄方向一致的光线。在顺光环境下，被摄主体面向镜头的一面被照亮，受光面不会产生阴影，主体色彩以及形态等细节特征都可以得到很好的表现，如图6-2所示。顺光适用于拍摄色彩艳丽的自然风光。

顺光拍摄会使主体没有明显的明暗变化，从而缺乏层次感和立体感，使画面的表现略显平淡，如图6-3和图6-4所示。

顺光示意图

图 6-2

图 6-3

图 6-4

（2）逆光

逆光是指从被摄主体的背面正对镜头照射来的光线。在逆光环境下，由于被摄主体的正面几乎背光，这样就很容易使光源区域与背光区域形成明暗反差，如图6-5所示。逆光环境下拍摄很容易出现曝光不足，不适用于拍摄体现主体表面颜色等细节特征的视频。

要在逆光环境下拍摄出精彩的画面，可以利用拍摄设备对画面亮部区域测光，降低被摄主体的亮度，得到被摄主体剪影的效果，如图6-6～图6-9所示。

逆光示意图

图 6-5

图 6-6

图 6-7

花型结构

图 6-8

花型结构

图 6-9

（3）侧光

侧光是指来自被摄主体左侧或是右侧的光线，并且光线的照射方向与拍摄设备的拍摄方向成90°左右，如图6-10所示。在侧光环境下，被摄主体可以产生明显的明暗对比效果，使画面表现

得非常有质感，适用于拍摄层次分明、具有较强立体感的
视频。

　　使用侧光拍摄的被摄主体的受光面会展现得非常清
晰，背光面则会以影子的形态出现在画面中，如图6-11和
图6-12所示。

　　在拍摄人像题材时，使用侧光拍摄可以表现人物的特
定情绪，如图6-13和图6-14所示。

图6-10

137

图6-11　　　　　　　　　　　　　　　图6-12

图6-13　　　　　　　　　　　　　　　图6-14

（4）前侧光（侧顺光）

　　前侧光（侧顺光）是指来自主体左侧或右侧的光线，并且
光线的照射方向与拍摄设备的拍摄方向在水平方向上成45°，
也称为45°侧光，如图6-15所示。在前侧光（侧顺光）环境下，
景物朝向镜头的一面大面积受光，而局部的背光面会产生阴影
效果，符合日常生活中的视觉习惯，适用于拍摄建筑、人像、
花卉等题材。

　　使用（侧顺光）前侧光拍摄的视频，景物的受光面可以
展现出色彩、形态等细节特征，背光面可以与受光面产生明
暗反差，从而增加画面的空间立体感，使画面不显平淡，如
图6-16 ～图6-19所示。

图6-15

图 6-16　　　　　　　　　　　　　　　　图 6-17

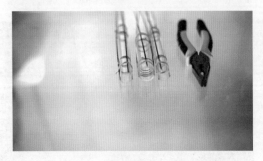

图 6-18　　　　　　　　　　　　　　　　图 6-19

（5）侧逆光

侧逆光是指从被摄主体的背面向拍摄设备照射过来的光线，并且光线的照射方向与拍摄设备的拍摄方向成120°～150°，如图 6-20 所示。在侧逆光环境下，被摄主体的受光面只会占一小部分，背光面占大部分，被摄主体的轮廓在画面中有较好的表现。

使用侧逆光拍摄的视频，由于主体只有一小部分受光面，因此画面中的明暗对比不会像逆光那样强烈，但亮部区域还是可以展现出被摄主体的一些特征，使画面表现得非常神秘，充满故事色彩，如图 6-21 和图 6-22 所示。

图 6-20

图 6-21　　　　　　　　　　　　　　　　图 6-22

（6）顶光

顶光是指从被摄主体的顶部向被摄主体照射的光线，并且照射的光线与拍摄设备的拍摄方向在垂直方向上维持在 90° 左右，如图 6-23 所示。在顶光环境下，被摄主体的顶部特征会表现出来，而其他区域则出现在阴影中，因此，顶光应用较少。顶光适用于拍摄静物题材等需要表现被摄主体顶部细节的视频。

（7）底光

底光是指从被摄主体的下方向被摄主体照射的光线，也称为脚光，如图 6-24 所示。在底光环境下拍摄出来的视频一般会带给人神秘、阴森和诡异感。底光应用较少，适用于舞台剧、戏剧照明，广场上的地灯、低角度的反光板等也带有底光效果。

图 6-23   图 6-24

2. 视频拍摄的用光技巧

在宣传片短视频的拍摄中，画面的影调取决于影像的风格，所以极少会使用纪录片式的用光方法和戏剧性的光效。在拍摄中为了保证宣传片中产品形象的辨识度及画面的美感，以及为了防止出现曝光不足或曝光过度的现象，多采用顺光、平光或侧顺光，极少采用逆光、底光和顶光。

外景拍摄是宣传片非常常用的拍摄方式，一般会遵循三大拍摄用光原则。一是确定宣传片画面视觉基调，恰当地为画面中的对象选择特定的光线，为宣传片渲染气氛、增加艺术感染力。二是正确选择自然光投射的时间、方向和角度。三是当自然光线不够充足时，应选择便捷的人工光源来适当补光，以满足宣传片拍摄技术条件的需要和艺术上的追求。

6.1.2 收音设备的使用

利用声画结合来表现内容是宣传片短视频制作的核心任务，本节将针对宣传片短视频的录音，介绍几种收音设备的选择和使用技巧。

1. 拍摄设备自录音频

拍摄设备自行录音能同时获得声音和画面，是相对比较简便的拍摄方法，如图 6-25 所示。但其指向性较差，将环境中所有的声音都进行了录制，音质差、收声范围广、杂音多且有距离感，声音的可用性比不上专业的录音设备。

图 6-25

拍摄设备自录音频除了适用于宣传片短视频，还适用于美食类、现场事件纪实类、活动场面类、只需要画面场合类、旅行类等视频。

2．无线领夹式话筒

无线领夹式话筒也称小蜜蜂，可以放在收音对象的身上进行录音，其因具有体积小、灵敏度高、噪音低、可承受高分贝的声压级而不失真等特点而广泛应用，如图 6-26 所示。领夹式话筒一般分为有线领夹式话筒和无线领夹式话筒两种，目前市场上多为无线领夹式话筒。无线领夹式话筒套装主要包括一个微型领夹式话筒、一个腰包式发射器和一个接收机。无限领夹式话筒最大的缺点是电池的持续性低，电量不足时会有噪声产生。

无线领夹式话筒除了适用于短视频收声外，还适用于会议、实况、采访过程、会议讲话、课程录制、产品介绍等情境。

图 6-26

3．指向型热靴话筒

指向型热靴话筒也称枪式话筒，如图 6-27 所示。只需将该话筒对准声源即可录音，指向性强，能与环境声分层，突出指向位置的声音。该话筒最大的缺点是会收到一堆背景噪声。

指向型热靴话筒除了适用于短视频收声外，还适用于活动现场、纪录片制作、宣传活动纪实、旅拍 vlog 短视频等情境。

图 6-27

4．H6、H4 录音机

H6、H4 录音机在录音之前要先设置声音的参数，将音量设置好，然后靠近录播对象并控制开关即可进行录音，后期要对声音和画面素材进行分类整理，如图 6-28 所示。

H6、H4 录音机除了适用于短视频收声外，还适用于微电影、有台词的解说、剧情短视频、宣传片内容再现等情境。

图 6-28

6.2 制作期——制作"花艺活动"宣传片

使用"新建"和"导入"命令新建项目并导入视频素材,使用拖曳方法将序列匹配视频素材,使用"编辑"命令取消视频、音频链接,使用变速线调整视频素材,使用拖曳和扩展编辑点方法剪辑视频素材,使用"效果"面板添加视频、音频过渡,使用"效果控件"面板编辑视频过渡,使用"基本图形"面板添加并编辑文字图形,使用"导出"命令导出视频文件。最终效果参看"Ch06/ 花艺活动宣传片 / 花艺活动宣传片 . prproj", 如图 6-29 所示。

扫码观看
短视频

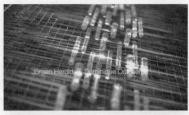

扫码观看
本案例视频1

扫码观看
本案例视频2

扫码观看
本案例视频3

扫码观看
本案例视频4

图 6-29

6.2.1 新建项目并导入素材

① 启动 Premiere Pro CC 2018 软件, 弹出"开始"欢迎界面。单击"新建项目"按钮,弹出"新建项目"对话框, 在"位置"选项中选择文件保存的路径, 在"名称"文本框中输入文件名"花艺活动宣传片", 如图 6-30 所示。单击"确定"按钮, 进入软件工作界面。选择"文件 > 新建 > 序列"命令, 弹出"新建序列"对话框, 如图 6-31 所示。单击"确定"按钮,完成序列的创建。

② 选择"文件 > 导入"命令, 弹出"导入"对话框, 选择云盘中的"Ch06/ 花艺活动宣传片 / 素材 /01 ~ 28"文件, 如图 6-32 所示。单击"打开"按钮, 将视频文件导入"项目"面板中, 如图 6-33 所示。

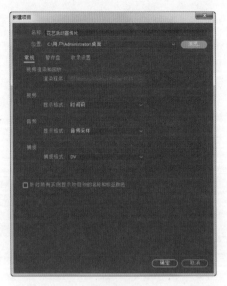

图 6-30

图 6-31

图 6-32

图 6-33

6.2.2　序列匹配视频素材

① 将"项目"面板中的"01"文件拖曳到"时间线"面板中的"视频 1"轨道中，弹出"剪辑不匹配警告"对话框，如图 6-34 所示。单击"更改序列设置"按钮。将"01"文件放置到"视频 1"轨道中，如图 6-35 所示。

图 6-34

图 6-35

② 将时间标签放置在 00:00:03:01 的位置，如图 6-36 所示。将鼠标指针放在"01"文件的结束位置，当鼠标指针呈◄状时单击，如图 6-37 所示。向前拖曳鼠标指针到 00:00:03:01 的位置上，如图 6-38 所示。选择"时间线"面板中的"01"文件，如图 6-39 所示。

图 6-36

图 6-37

图 6-38

图 6-39

6.2.3　取消视频、音频链接

① 选择"剪辑 > 取消链接"命令，取消视频、音频链接，如图 6-40 所示。选择音频，按 Delete 键，删除音频，如图 6-41 所示。

图 6-40

图 6-41

② 单击音频轨道左侧的音频标签，如图 6-42 所示。激活音频内容，覆盖插入的音频。将"项目"面板中的"02"文件拖曳到"时间线"面板中的"视频 1"轨道中，如图 6-43 所示。

图 6-42

图 6-43

6.2.4　剪辑并调整视频素材

1. 使用变速线调整视频素材

① 将时间标签放置在 00:00:09:07 的位置，将鼠标指针放在"02"文件的结束位置，当鼠标指针呈 ⊣ 状时单击，如图 6-44 所示。向前拖曳鼠标指针到 00:00:09:07 的位置上，如图 6-45 所示。

② 将"项目"面板中的"03"文件拖曳到"时间线"面板中的"视频 1"轨道中，如图 6-46 所示。调整"视频 1"轨道的轨道宽度，如图 6-47 所示。

图 6-44   图 6-45

图 6-46   图 6-47

③ 在 "03" 文件上单击鼠标右键，在弹出的菜单中选择 "显示剪辑关键帧 > 时间重映射 > 速度" 命令，显示素材速度线，如图 6-48 所示。将时间标签放置在 00:00:10:00 的位置，在按住 Ctrl 键的同时，将鼠标指针放置在速度线上，此时鼠标指针变为 ▷₊，如图 6-49 所示。

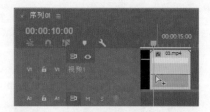

图 6-48   图 6-49

④ 在标签位置的变速线上单击，添加变速关键帧，如图 6-50 所示。将时间标签放置在 00:00:15:00 的位置，在按住 Ctrl 键的同时，在标签位置的变速线上单击，添加变速关键帧，如图 6-51 所示。

图 6-50   图 6-51

⑤ 向上拖曳中间的变速线，根据下方的数值变化调到适当的位置，如图 6-52 所示。确认后松开鼠标左键，如图 6-53 所示。

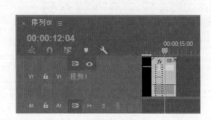

图 6-52   图 6-53

⑥ 将时间标签放置在 00:00:12:04 的位置，将鼠标指针放在"03"文件的结束位置，当鼠标指针呈◀状时单击，如图 6-54 所示。向前拖曳鼠标指针到 00:00:12:04 的位置上，如图 6-55 所示。调整"视频 1"轨道的轨道宽度。

图 6-54

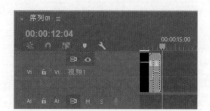

图 6-55

2. 拖曳并剪辑视频素材

① 将"项目"面板中的"17"文件拖曳到"时间线"面板中的"视频 1"轨道中，如图 6-56 所示。将时间标签放置在 00:00:14:06 的位置，将鼠标指针放在"17"文件的结束位置，当鼠标指针呈◀状时单击，向前拖曳鼠标指针到 00:00:14:06 的位置上，如图 6-57 所示。

图 6-56

图 6-57

② 将"项目"面板中的"12"文件拖曳到"时间线"面板中的"视频 1"轨道中，如图 6-58 所示。将时间标签放置在 00:00:15:24 的位置，将鼠标指针放在"12"文件的结束位置，当鼠标指针呈◀状时单击，向前拖曳鼠标指针到 00:00:15:24 的位置上，如图 6-59 所示。

图 6-58

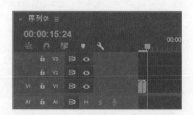

图 6-59

③ 将"项目"面板中的"13"文件拖曳到"时间线"面板中的"视频 1"轨道中，如图 6-60 所示。将时间标签放置在 00:00:17:15 的位置，将鼠标指针放在"13"文件的结束位置，当鼠标指针呈◀状时单击，向前拖曳鼠标指针到 00:00:17:15 的位置上，如图 6-61 所示。

图 6-60

图 6-61

④ 将"项目"面板中的"06"文件拖曳到"时间线"面板中的"视频1"轨道中，如图6-62所示。将时间标签放置在00:00:21:00的位置，将鼠标指针放在"06"文件的结束位置，当鼠标指针呈◀▶状时单击，向前拖曳鼠标指针到00:00:21:00的位置上，如图6-63所示。

图 6-62

图 6-63

3. 扩展视频所选编辑点

① 将"项目"面板中的"14"文件拖曳到"时间线"面板中的"视频1"轨道中，如图6-64所示。将时间标签放置在00:00:24:00的位置，将鼠标指针放在"14"文件的结束位置，当鼠标指针呈◀▶状时单击，选取编辑点。按E键，将所选编辑点扩展到播放指示器的位置，如图6-65所示。

图 6-64

图 6-65

② 将"项目"面板中的"07"文件拖曳到"时间线"面板中的"视频1"轨道中，如图6-66所示。将时间标签放置在00:00:29:14的位置，将鼠标指针放在"07"文件的结束位置，当鼠标指针呈◀▶状时单击，选取编辑点。按E键，将所选编辑点扩展到播放指示器的位置，如图6-67所示。

图 6-66

图 6-67

③ 将"项目"面板中的"08"文件拖曳到"时间线"面板中的"视频1"轨道中，如图6-68所示。将时间标签放置在00:00:32:13的位置，将鼠标指针放在"08"文件的结束位置，当鼠标指针呈◀▶状时单击，选取编辑点。按E键，将所选编辑点扩展到播放指示器的位置，如图6-69所示。

图 6-68

图 6-69

④ 将"项目"面板中的"09"文件拖曳到"时间线"面板中的"视频 1"轨道中，如图 6-70 所示。将时间标签放置在 00:00:34:03 的位置，将鼠标指针放在"09"文件的结束位置，当鼠标指针呈 ◀▌状时单击，选取编辑点。按 E 键，将所选编辑点扩展到播放指示器的位置，如图 6-71 所示。

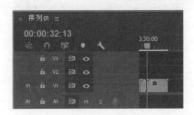

图 6-70

图 6-71

⑤ 将"项目"面板中的"10"文件拖曳到"时间线"面板中的"视频 1"轨道中，如图 6-72 所示。将时间标签放置在 00:00:36:24 的位置，将鼠标指针放在"10"文件的结束位置，当鼠标指针呈 ◀▌状时单击，选取编辑点。按 E 键，将所选编辑点扩展到播放指示器的位置，如图 6-73 所示。

图 6-72

图 6-73

⑥ 将"项目"面板中的"04"文件拖曳到"时间线"面板中的"视频 1"轨道中，如图 6-74 所示。将时间标签放置在 00:00:38:14 的位置，将鼠标指针放在"04"文件的结束位置，当鼠标指针呈 ◀▌状时单击，选取编辑点。按 E 键，将所选编辑点扩展到播放指示器的位置，如图 6-75 所示。

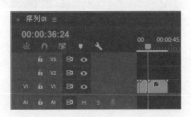

图 6-74

图 6-75

⑦ 将"项目"面板中的"05"文件拖曳到"时间线"面板中的"视频 1"轨道中，如图 6-76 所示。将时间标签放置在 00:00:41:04 的位置，将鼠标指针放在"05"文件的结束位置，当鼠标指针呈 ◀▌状时单击，选取编辑点。按 E 键，将所选编辑点扩展到播放指示器的位置，如图 6-77 所示。

图 6-76

图 6-77

⑧ 将"项目"面板中的"11"文件拖曳到"时间线"面板中的"视频 1"轨道中，如图 6-78 所示。

将时间标签放置在00:00:43:24的位置，将鼠标指针放在"11"文件的结束位置，当鼠标指针呈 状时单击，选取编辑点。按 E 键，将所选编辑点扩展到播放指示器的位置，如图6-79所示。

图 6-78　　　　　　　　　　　　　　　图 6-79

⑨ 将"项目"面板中的"15"文件拖曳到"时间线"面板中的"视频1"轨道中，如图6-80所示。将时间标签放置在00:00:46:05的位置，将鼠标指针放在"15"文件的结束位置，当鼠标指针呈 状时单击，选取编辑点。按 E 键，将所选编辑点扩展到播放指示器的位置，如图6-81所示。

图 6-80　　　　　　　　　　　　　　　图 6-81

⑩ 将"项目"面板中的"16"文件拖曳到"时间线"面板中的"视频1"轨道中，如图6-82所示。将时间标签放置在00:00:48:24的位置，将鼠标指针放在"16"文件的结束位置，当鼠标指针呈 状时单击，选取编辑点。按 E 键，将所选编辑点扩展到播放指示器的位置，如图6-83所示。

图 6-82　　　　　　　　　　　　　　　图 6-83

⑪ 将"项目"面板中的"18"文件拖曳到"时间线"面板中的"视频1"轨道中，如图6-84所示。将时间标签放置在00:00:53:08的位置，将鼠标指针放在"18"文件的结束位置，当鼠标指针呈 状时单击，选取编辑点。按 E 键，将所选编辑点扩展到播放指示器的位置，如图6-85所示。

图 6-84　　　　　　　　　　　　　　　图 6-85

⑫ 将"项目"面板中的"19"文件拖曳到"时间线"面板中的"视频1"轨道中，如图6-86所示。将时间标签放置在00:00:57:10的位置，将鼠标指针放在"19"文件的结束位置，当鼠标指针呈

短视频制作实战 策划 拍摄 制作 运营（全彩慕课版）

状时单击，选取编辑点。按 E 键，将所选编辑点扩展到播放指示器的位置，如图 6-87 所示。

图 6-86 图 6-87

⑬ 将"项目"面板中的"20"文件拖曳到"时间线"面板中的"视频 1"轨道中，如图 6-88 所示。将时间标签放置在 00:01:01:01 的位置，将鼠标指针放在"20"文件的结束位置，当鼠标指针呈◀状时单击，选取编辑点。按 E 键，将所选编辑点扩展到播放指示器的位置，如图 6-89 所示。

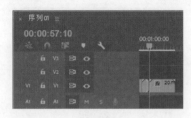

图 6-88 图 6-89

⑭ 将"项目"面板中的"21"文件拖曳到"时间线"面板中的"视频 1"轨道中，如图 6-90 所示。将时间标签放置在 00:01:09:20 的位置，将鼠标指针放在"21"文件的结束位置，当鼠标指针呈◀状时单击，选取编辑点。按 E 键，将所选编辑点扩展到播放指示器的位置，如图 6-91 所示。

图 6-90 图 6-91

⑮ 将"项目"面板中的"22"文件拖曳到"时间线"面板中的"视频 1"轨道中，如图 6-92 所示。将时间标签放置在 00:01:14:22 的位置，将鼠标指针放在"22"文件的结束位置，当鼠标指针呈◀状时单击，选取编辑点。按 E 键，将所选编辑点扩展到播放指示器的位置，如图 6-93 所示。

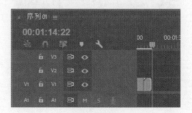

图 6-92 图 6-93

⑯ 将"项目"面板中的"23"文件拖曳到"时间线"面板中的"视频 1"轨道中，如图 6-94 所示。将时间标签放置在 00:01:23:01 的位置，将鼠标指针放在"23"文件的结束位置，当鼠标指针呈◀

状时单击，选取编辑点。按 E 键，将所选编辑点扩展到播放指示器的位置，如图 6-95 所示。

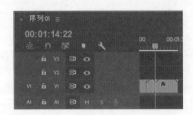
图 6-94

图 6-95

⑰ 将"项目"面板中的"25"文件拖曳到"时间线"面板中的"视频 1"轨道中，如图 6-96 所示。将时间标签放置在 00:01:32:03 的位置，将鼠标指针放在"25"文件的结束位置，当鼠标指针呈◀▶状时单击，选取编辑点。按 E 键，将所选编辑点扩展到播放指示器的位置，如图 6-97 所示。

图 6-96

图 6-97

⑱ 将"项目"面板中的"26"文件拖曳到"时间线"面板中的"视频 1"轨道中，如图 6-98 所示。将时间标签放置在 00:01:38:05 的位置，将鼠标指针放在"26"文件的结束位置，当鼠标指针呈◀▶状时单击，选取编辑点。按 E 键，将所选编辑点扩展到播放指示器的位置，如图 6-99 所示。

图 6-98

图 6-99

⑲ 将"项目"面板中的"27"文件拖曳到"时间线"面板中的"视频 1"轨道中，如图 6-100 所示。将时间标签放置在 00:01:44:15 的位置，将鼠标指针放在"27"文件的结束位置，当鼠标指针呈◀▶状时单击，选取编辑点。按 E 键，将所选编辑点扩展到播放指示器的位置，如图 6-101 所示。

图 6-100

图 6-101

⑳ 将"项目"面板中的"24"文件拖曳到"时间线"面板中的"视频 1"轨道中，如图 6-102 所示。将时间标签放置在 00:01:56:11 的位置，将鼠标指针放在"24"文件的结束位置，当鼠标指针呈◀▶状时单击，选取编辑点。按 E 键，将所选编辑点扩展到播放指示器的位置，如图 6-103 所示。

图 6-102

图 6-103

6.2.5 添加并编辑视频过渡

1. 添加自定义视频过渡

① 在"效果"面板中展开"视频过渡"特效分类选项,单击"滑动"文件夹左侧的三角形按钮 将其展开,选中"推"特效,如图 6-104 所示。将"推"特效拖曳到"时间线"面板中的"02"文件的开始位置,如图 6-105 所示。

图 6-104

图 6-105

② 选中"时间线"面板中的"推"特效,在"效果控件"面板中将"持续时间"选项设为00:00:00:21,如图 6-106 所示。向左拖曳面板右侧的过渡块,改变其位置,如图 6-107 所示。

图 6-106

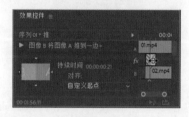

图 6-107

③ 在"效果"面板中单击"溶解"文件夹左侧的三角形按钮 将其展开,选中"胶片溶解"特效,如图 6-108 所示。将"胶片溶解"特效拖曳到"时间线"面板中的"13"文件的开始位置,如图 6-109 所示。

图 6-108

图 6-109

④ 选中"时间线"面板中的"胶片溶解"特效,在"效果控件"面板中将"持续时间"选项设为 00:00:00:22,如图 6-110 所示。向左拖曳面板右侧的过渡块,改变其位置,如图 6-111 所示。

图 6-110 | 图 6-111

⑤ 将"胶片溶解"特效拖曳到"时间线"面板中的"07"文件的开始位置,如图 6-112 所示。选中"时间线"面板中的"胶片溶解"特效,在"效果控件"面板中将"持续时间"选项设为 00:00:00:21,向左拖曳面板右侧的过渡块,改变其位置,如图 6-113 所示。

图 6-112 | 图 6-113

⑥ 在"效果"面板中单击"沉浸式视频"文件夹左侧的三角形按钮▶将其展开,选中"VR 默比乌斯缩放"特效,如图 6-114 所示。将"VR 默比乌斯缩放"特效拖曳到"时间线"面板中的"21"文件的开始位置,如图 6-115 所示。

图 6-114 | 图 6-115

⑦ 选中"时间线"面板中的"VR 默比乌斯缩放"特效,在"效果控件"面板中将"持续时间"选项设为 00:00:00:18,如图 6-116 所示,向左拖曳面板右侧的过渡块,改变其位置,如图 6-117 所示。

图 6-116 | 图 6-117

⑧ 在"效果"面板中单击"滑动"文件夹左侧的三角形按钮▶将其展开,选中"推"特效,如图 6-118 所示。将"推"特效拖曳到"时间线"面板中的"22"文件的开始位置,如图 6-119 所示。

⑨ 选中"时间线"面板中的"推"特效,在"效果控件"面板中将"持续时间"选项设为 00:00:00:18,如图 6-120 所示。向左拖曳面板右侧的过渡块,改变其位置,如图 6-121 所示。

图 6-118

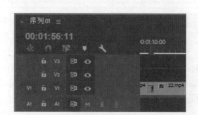
图 6-119

图 6-120

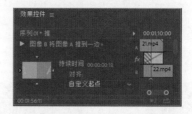
图 6-121

2. 添加居中视频过渡

① 在"效果"面板中单击"滑动"文件夹左侧的三角形按钮▶将其展开，选中"滑动"特效，如图 6-122 所示。将"滑动"特效拖曳到"时间线"面板中的"03"文件的开始位置，如图 6-123 所示。选中"时间线"面板中的"滑动"特效，在"效果控件"面板中将"持续时间"选项设为 00:00:01:00，"对齐"选项设为"中心切入"，如图 6-124 所示。

图 6-122

图 6-123

图 6-124

② 在"效果"面板中单击"擦除"文件夹左侧的三角形按钮▶将其展开，选中"划出"特效，如图 6-125 所示。将"划出"特效拖曳到"时间线"面板中的"08"文件的开始位置，如图 6-126 所示。选中"时间线"面板中的"划出"特效，在"效果控件"面板中将"持续时间"选项设为 00:00:00:15，"对齐"选项设为"中心切入"，如图 6-127 所示。

图 6-125

图 6-126

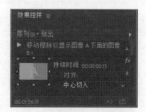
图 6-127

③ 将"划出"特效拖曳到"时间线"面板中的"09"文件的开始位置，如图 6-128 所示。选中"时间线"面板中的"划出"特效，在"效果控件"面板中将"持续时间"选项设为 00:00:01:00，"对齐"选项设为"中心切入"，如图 6-129 所示。

图 6-128　　　　　　　　　　　　　　　　　图 6-129

④ 在"效果"面板中单击"擦除"文件夹左侧的三角形按钮 ❯ 将其展开，选中"双侧平推门"特效，如图 6-130 所示。将"双侧平推门"特效拖曳到"时间线"面板中的"05"文件的开始位置，如图 6-131 所示。选中"时间线"面板中的"双侧平推门"特效，在"效果控件"面板中将"持续时间"选项设为 00:00:01:00，"对齐"选项设为"中心切入"，如图 6-132 所示。

图 6-130　　　　　　　　　图 6-131　　　　　　　　　图 6-132

⑤ 在"效果"面板中单击"溶解"文件夹左侧的三角形按钮 ❯ 将其展开，选中"非叠加溶解"特效，如图 6-133 所示。将"非叠加溶解"特效拖曳到"时间线"面板中的"11"文件的开始位置，如图 6-134 所示。选中"时间线"面板中的"非叠加溶解"特效，在"效果控件"面板中将"持续时间"选项设为 00:00:01:04，"对齐"选项设为"中心切入"，如图 6-135 所示。

图 6-133　　　　　　　　　图 6-134　　　　　　　　　图 6-135

⑥ 在"效果"面板中单击"沉浸式视频"文件夹左侧的三角形按钮 ❯ 将其展开，选中"VR 球形模糊"特效，如图 6-136 所示。将"VR 球形模糊"特效拖曳到"时间线"面板中的"16"文件的开始位置，如图 6-137 所示。选中"时间线"面板中的"VR 球形模糊"特效，在"效果控件"面板中将"持续时间"选项设为 00:00:01:00，"对齐"选项设为"中心切入"，如图 6-138 所示。

图 6-136　　　　　　　　　图 6-137　　　　　　　　　图 6-138

⑦ 在"效果"面板中选中"VR 渐变擦除"特效，如图 6-139 所示。将"VR 渐变擦除"特效拖曳到"时间线"面板中的"18"文件的开始位置，如图 6-140 所示。选中"时间线"面板中的"VR

渐变擦除"特效,在"效果控件"面板中将"持续时间"选项设为00:00:01:00,"对齐"选项设为"中心切入",如图6-141所示。

图 6-139

图 6-140

图 6-141

⑧ 在"效果"面板中选中"VR 色度泄漏"特效,如图6-142所示。将"VR 色度泄漏"特效拖曳到"时间线"面板中的"19"文件的开始位置,如图6-143所示。选中"时间线"面板中的"VR 色度泄漏"特效,在"效果控件"面板中将"持续时间"选项设为00:00:01:00,"对齐"选项设为"中心切入",如图6-144所示。

图 6-142

图 6-143

图 6-144

⑨ 在"效果"面板中单击"缩放"文件夹左侧的三角形按钮▶将其展开,选中"交叉缩放"特效,如图6-145所示。将"交叉缩放"特效拖曳到"时间线"面板中的"23"文件的开始位置,如图6-146所示。选中"时间线"面板中的"交叉缩放"特效,在"效果控件"面板中将"持续时间"选项设为00:00:01:00,"对齐"选项设为"中心切入",如图6-147所示。

图 6-145

图 6-146

图 6-147

⑩ 在"效果"面板中单击"滑动"文件夹左侧的三角形按钮▶将其展开,选中"推"特效,如图6-148所示。将"推"特效拖曳到"时间线"面板中的"25"文件的开始位置,如图6-149所示。选中"时间线"面板中的"推"特效,在"效果控件"面板中将"持续时间"选项设为00:00:01:00,"对齐"选项设为"中心切入",如图6-150所示。

图 6-148

图 6-149

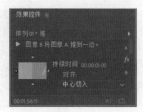
图 6-150

⑪ 在"效果"面板中单击"擦除"文件夹左侧的三角形按钮▶将其展开，选中"划出"特效，如图6-151所示。将"划出"特效拖曳到"时间线"面板中的"26"文件的开始位置，如图6-152所示。选中"时间线"面板中的"划出"特效，在"效果控件"面板中将"持续时间"选项设为00:00:01:00，"对齐"选项设为"中心切入"，如图6-153所示。

图 6-151　　　　　　　　　图 6-152　　　　　　　　　图 6-153

⑫ 在"效果"面板中单击"溶解"文件夹左侧的三角形按钮▶将其展开，选中"胶片溶解"特效，如图6-154所示。将"胶片溶解"特效拖曳到"时间线"面板中的"27"文件的开始位置，如图6-155所示。选中"时间线"面板中的"胶片溶解"特效，在"效果控件"面板中将"持续时间"选项设为00:00:01:00，"对齐"选项设为"中心切入"，如图6-156所示。

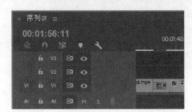

图 6-154　　　　　　　　　图 6-155　　　　　　　　　图 6-156

6.2.6　添加并编辑音频素材

1. 剪辑音频素材

① 将"项目"面板中的"28"文件拖曳到"时间线"面板中的"音频1"轨道中，如图6-157所示。

图 6-157

② 将鼠标指针放在"28"文件的结束位置，当鼠标指针呈◄状时单击，如图6-158所示，选取编辑点。按E键，将所选编辑点扩展到播放指示器的位置，如图6-159所示。

图 6-158　　　　　　　　　　　　　　图 6-159

2. 添加音频过渡

① 在"效果"面板中展开"音频过渡"特效分类选项，单击"交叉淡化"文件夹左侧的三角形按钮 ▶ 将其展开，选中"指数淡化"特效，如图 6-160 所示。将"指数淡化"特效拖曳到"时间线"面板中的"28"文件的开始位置，如图 6-161 所示。

| 图 6-160 | 图 6-161 |

② 将"指数淡化"特效拖曳到"时间线"面板中的"28"文件的结束位置，如图 6-162 所示。选中"时间线"面板中的"指数淡化"特效，在"效果控件"面板中将"持续时间"选项设为 00：00：03：00，如图 6-163 所示。

| 图 6-162 | 图 6-163 |

6.2.7 添加并编辑文字图形

1. 添加标题图形

① 单击工作界面上方的"图形"按钮，进入"图形"工作区。将时间标签放置在 00：00：09：07 的位置，在"基本图形"面板中选择"\Titles\Bold Title"文件，如图 6-164 所示。将其拖曳到"时间线"面板中的"视频 2"轨道中，如图 6-165 所示。

| 图 6-164 | 图 6-165 |

② 选择"视频2"轨道中的"Your Title Here"文件，将时间标签放置在00：00：10：07的位置。在"基本图形"面板中选择"编辑"选项卡，选择"Your Title Here"文字，在"节目"窗口中修改文字为"花艺活动开启"，"基本图形"面板中的设置如图6-166所示。选择"Frame"图形，具体的设置如图6-167所示。选择"EPISODE"文字，按Delete键删除文字，"节目"窗口中的效果如图6-168所示。

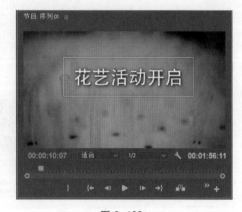

图 6-166　　　　　　　　　　图 6-167　　　　　　　　　　图 6-168

2. 添加右侧介绍文字

① 将时间标签放置在17：15s的位置，在"基本图形"面板中选择"浏览"选项卡，在"基本图形"面板中选择"\Lower Thirds\Film Lower Third Left Two Line"文件，如图6-169所示。将其拖曳到"时间线"面板中的"视频2"轨道中，如图6-170所示。

图 6-169　　　　　　　　　　　　　　图 6-170

② 将时间标签放置在00：00：21：00的位置，将鼠标指针放在"Insert Name Here"文件的结束位置，当鼠标指针呈 ◀ 状时单击，选取编辑点，如图6-171所示。按E键，将所选编辑点扩展到播放指示器的位置，如图6-172所示。

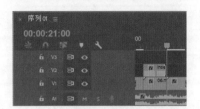

图 6-171   图 6-172

③ 选择"视频 2"轨道中的"Insert Name Here"文件,将时间标签放置在 00:00:18:19 的位置。在"基本图形"面板中选择"编辑"选项卡,选择"Insert Name Here"文字,在"节目"窗口中修改文字为"素材加工","基本图形"面板中的设置如图 6-173 所示。选择"Insert Title Here"文字,按 Delete 键删除文字,"节目"窗口中的效果如图 6-174 所示。

图 6-173   图 6-174

④ 单击"视频 1"轨道标签,取消"视频 1"轨道的选取状态,如图 6-175 所示。单击"视频 2"轨道标签,选择"视频 2"轨道为目标轨道,如图 6-176 所示。选择"视频 2"轨道中的"素材加工"图形,按 Ctrl+C 组合键,复制图形。

图 6-175   图 6-176

⑤ 将时间标签放置在 00:00:34:03 的位置,按 Ctrl+V 组合键,粘贴图形,如图 6 177 所示。将时间标签放置在 00:00:36:24 的位置,将鼠标指针放在"素材加工"文件的结束位置,当鼠标指针呈 状时单击,选取编辑点。按 E 键,将所选编辑点扩展到播放指示器的位置,如图 6-178 所示。

图 6-177   图 6-178

⑥ 选择"视频2"轨道中的"素材加工"文件，将时间标签放置在00:00:35:18的位置。在"基本图形"面板中选择"编辑"选项卡，选择"素材加工"文字，在"节目"窗口中修改文字为"基础素材"，"基本图形"面板中的设置如图6-179所示。"节目"窗口中的效果如图6-180所示。

图 6-179   图 6-180

⑦ 选择"视频2"轨道中的"基础素材"图形，按Ctrl+C组合键，复制图形。将时间标签放置在00:00:48:24的位置，按Ctrl+V组合键，粘贴图形，如图6-181所示。将时间标签放置在00:00:53:08的位置，将鼠标指针放在"基础素材"文件的结束位置，当鼠标指针呈◀状时单击，选取编辑点。按E键，将所选编辑点扩展到播放指示器的位置，如图6-182所示。

图 6-181   图 6-182

⑧ 选择"视频2"轨道中的"基础素材"文件，将时间标签放置在00:00:52:09的位置。在"基本图形"面板中选择"编辑"选项卡，选择"基础素材"文字，在"节目"窗口中修改文字为"基底制作"，"基本图形"面板中的设置如图6-183所示。"节目"窗口中的效果如图6-184所示。

图 6-183   图 6-184

⑨ 选择"视频2"轨道中的"基底制作"图形，按Ctrl+C组合键，复制图形。将时间标签放置在00:01:32:03的位置，按Ctrl+V组合键，粘贴图形，如图6-185所示。将时间标签放置在00:01:38:05的位置，将鼠标指针放在"基底制作"文件的结束位置，当鼠标指针呈◀状时单击，

选取编辑点。按 E 键，将所选编辑点扩展到播放指示器的位置，如图 6-186 所示。

图 6-185

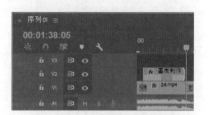

图 6-186

⑩ 选择"视频 2"轨道中的"基底制作"文件，将时间标签放置在 00:01:34:20 的位置。在"基本图形"面板中选择"编辑"选项卡，选择"基底制作"文字，在"节目"窗口中修改文字为"花型结构"，"基本图形"面板中的设置如图 6-187 所示。"节目"窗口中的效果如图 6-188 所示。

图 6-187

图 6-188

3. 添加左侧介绍文字

① 选择"视频 2"轨道中的"素材加工"图形，按 Ctrl+C 组合键，复制图形。将时间标签放置在 00:00:24:00 的位置，按 Ctrl+V 组合键，粘贴图形，如图 6-189 所示。将时间标签放置在 00:00:29:14 的位置，将鼠标指针放在"素材加工"文件的结束位置，当鼠标指针呈 状时单击，选取编辑点。按 E 键，将所选编辑点扩展到播放指示器的位置，如图 6-190 所示。

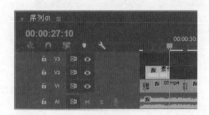

图 6-189

图 6-190

② 选择"视频 2"轨道中的"素材加工"文件，将时间标签放置在 00:00:26:12 的位置。在"基本图形"面板中选择"编辑"选项卡，选择"素材加工"文字，在"节目"窗口中修改文字为"素材制作"，"基本图形"面板中的设置如图 6-191 所示。"节目"窗口中的效果如图 6-192 所示。

③ 选择"视频 2"轨道中的"素材制作"图形，按 Ctrl+C 组合键，复制图形。将时间标签放置在 00:00:38:14 的位置，按 Ctrl+V 组合键，粘贴图形，如图 6-193 所示。将时间标签放置在 00:00:45:03 的位置，将鼠标指针放在"素材制作"文件的结束位置，当鼠标指针呈 状时单击，选取编辑点。按 E 键，将所选编辑点扩展到播放指示器的位置，如图 6-194 所示。

图 6-191 图 6-192

图 6-193 图 6-194

④ 选择"视频 2"轨道中的"素材制作"文件，将时间标签放置在 00:00:41:00 的位置。在"基本图形"面板中选择"编辑"选项卡，选择"素材制作"文字，在"节目"窗口中修改文字为"结构设计"，"基本图形"面板中的设置如图 6-195 所示。"节目"窗口中的效果如图 6-196 所示。

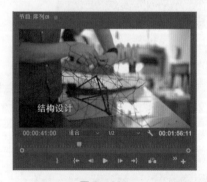

图 6-195 图 6-196

⑤ 选择"视频 2"轨道中的"结构设计"图形，按 Ctrl+C 组合键，复制图形。将时间标签放置在 00:00:57:10 的位置，按 Ctrl+V 组合键，粘贴图形，如图 6-197 所示。将时间标签放置在 00:01:06:08 的位置，将鼠标指针放在"结构设计"文件的结束位置，当鼠标指针呈◄状时单击，选取编辑点。按 E 键，将所选编辑点扩展到播放指示器的位置，如图 6-198 所示。

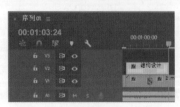

图 6-197 图 6-198

⑥ 选择"视频 2"轨道中的"结构设计"文件，将时间标签放置在 00:01:02:00 的位置。在"基本图形"面板中选择"编辑"选项卡，选择"结构设计"文字，在"节目"窗口中修改文字为"基座固定"，

"基本图形"面板中的设置如图 6-199 所示。"节目"窗口中的效果如图 6-200 所示。

图 6-199

图 6-200

6.2.8　导出视频文件

选择"文件 > 导出 > 媒体"命令，弹出"导出设置"对话框，具体的设置如图 6-201 所示。单击"导出"按钮，导出视频文件。

图 6-201

6.3 │ 课后习题

1. 任务

请拍摄并制作以社会活动为主题的宣传片短视频，内容可以是休闲娱乐、家庭聚会、公司员工活动等。

2. 任务要求

时长：2 分钟。

素材要求：素材应有明确的光线运用模式，素材数量不少于 30 条。

制作要求：应符合宣传片制作规范，要制作出完整短视频。

07

第 7 章

产品广告短视频

▶ **本章介绍**

　　本章将详细讲解产品广告短视频的拍摄方法和制作技巧。通过对本章的学习，读者能够掌握视频中的画面构图技巧、常用色彩知识和广告制作技巧，学会产品广告短视频的制作方法。

学习目标

● 掌握视频中的画面构图技巧。

● 掌握短视频的常用色彩知识。

● 掌握短视频广告的制作技巧。

● 熟练掌握产品广告短视频的制作方法。

产品广告
短视频

7.1 拍摄期

本节将重点讲解产品广告短视频的画面构图技巧、常用色彩知识以及制作方法，为短视频后期的处理和制作提供帮助。

7.1.1 视频中的画面构图

产品广告短视频具有时间短、画面表现直观等特点，所以我们在视频拍摄的过程中要精心设计画面构图，拍摄出具有震撼性的视频。

1. 主体和陪体

好的视频构图要有明确的画面主体和陪体，下面进行具体的介绍。

（1）主体

主体是指画面中所要表现的主要对象，是画面存在的基本条件。主体在画面中起主导作用。对于视频画面来说，主体是构图的表现中心。主体清楚明确，构图才有更多形式。

（2）陪体

陪体是和主体密切相关且与主体构成一定情节联系的画面构成部分。陪体在画面中可以帮助主体表现主题思想，同时起到均衡画面构图的作用。

（3）主体与陪体的画面构成关系

在构图形式上，主体是画面主导，是视觉焦点。在拍摄时，要采用各种造型手段和构图技巧突出主体，制造出深刻的视觉效果。陪体是用于渲染和衬托主体形象，帮助主体突出视觉内涵的部分。在处理构图时，陪体应占据次要地位，无论是色彩还是影调都应注意与主体的关系，如图7-1所示。

图7-1

2. 常用构图形式

短视频构图主要是以横构图为主，以16:9的比例进行构图的画框，接近人眼观察的视觉范围，视觉效果也具有现场感，是视频领域的一个基本标准。下面将对应用非常广泛、实用性非常高的构图形式进行具体讲解。

（1）黄金分割构图

黄金分割是将主体放在画面大约1/3处，这样会让人觉得画面和谐、充满美感。黄金分割构图又称三分法则构图，就是将整个画面在横、竖方向各用两条直线分割成相等的三部分，将被摄主体放置在任意一条直线或直线的交点上，如图7-2和图7-3所示。

图7-2

图7-3

（2）低角度构图

低角度构图是确定拍摄主题后，寻找一个足够低的角度，甚至直接将镜头贴到地面进行拍摄而形成的构图，是一种很受欢迎的构图形式。拍摄者需要蹲着、坐下、跪着或者躺下，贴紧地面进行拍摄，此构图能表现出让人惊讶的视频效果。

（3）引导线构图

引导线构图是在场景中使用引导线，串连起画面内容主体与背景元素，吸引观看者注意力，完成视觉焦点的转移的构图。常用的场景有一条小路、一条小河、一座栈桥、喷气式飞机拉出来的白线、两条铁轨、桥上的锁链、伸向远处的树木等，如图7-4和图7-5所示。

图7-4

图7-5

（4）框式构图

框式构图是指在场景中利用环绕的事物突出被摄主体的构图，也称景框式构图。常用的场景有门、篱笆、自然生长的树干、树枝、一扇窗、一座拱桥、一面镜子等，如图7-6和图7-7所示。

图7-6

图7-7

（5）中心式构图

中心式构图是将想要表达的主体放在画面正中央，以达到突出主题的效果的构图。产品广告拍摄的画面多采用中心式构图，这样有利于呈现产品和产品细节信息，如图7-8所示。

（6）对称式构图

对称式构图是指拍摄内容在画面正中垂线两侧或正中水平线上下对称或大致对称的构图。此构图画面具有布局平衡、结构规矩、图案优美、趣味性强等特点。常用的场景有举重运动员举重、游泳运动员蝶泳、集体舞蹈表演、灯组、中国式古建筑、某些器皿用具等，如图7-9所示。

（7）对角线式构图

对角线式构图是利用对角线进行的构图，是一种导向性很强的构图形式。此构图画面能给人带来立体感、延伸感、动态感和活力感，如图7-10所示。

图 7-8

图 7-9

（8）穿透式构图

穿透式构图是穿透一些篱笆、窗户、柱子或者磨砂玻璃等物件进行的构图，能获得很多意想不到的画面，如图 7-11 所示。利用水晶球或玻璃球进行穿透拍摄，可拍摄出背后上下颠倒的画面。

图 7-10

图 7-11

（9）视线路径构图

视线路径构图是按照观看者视线的移动路径进行的构图。在构图设计时，要根据视频的先后顺序进行构图，如图 7-12 所示。

（10）构图的其他小技巧

◆ 利用留白。在画面中留出一些空白可以使画面主题明显且具有吸引力，同时还能创造出一种极简的画面，如图 7-13 所示。

图 7-12

◆ 朝向原则。朝向原则是在画面主体前进的方向留出大量的空间，使画面更具动感。例如，拍摄向右观看的人时，可以在右侧的画面留出空白，增加画面动感，如图 7-14 所示。

◆ 前景与后景构图。由于视频拍摄中焦点具有变动性，所以对一个镜头进行构图时，对焦点进行前景和后景的变化可以制造出虚实结合的效果，使镜头动起来，如图 7-15 所示。

图 7-13

图 7-14

图 7-15

7.1.2 短视频的常用色彩知识

本小节将重点讲解短视频的常用色彩模式和调色依据，为后期短视频调色打下基础。

1. 视频常用色彩模式

（1）RGB 颜色模式

RGB 颜色模式是一种色光的彩色模式，它通过"R（红）""G（绿）""B（蓝）"3 种色光相叠加而形成更多的颜色。RGB 颜色模式是颜色模式中的一种颜色标准，包括了人类视力所能感知的所有颜色，是目前运用非常广泛的颜色系统。短视频的后期调色，主要使用的就是 RGB 颜色模式。

（2）HLS 颜色模式

HLS 颜色模式通过"Hue（色调）""Lightness（亮度）""Saturation（饱和度）"3 个参数的变化以及相互之间的叠加而形成各种颜色。HLS 颜色模式可以在软件中对每个分项参数进行调节。

2. 视频调色常用依据

（1）互补色与相邻色

在色环中，与某一颜色相邻的两种颜色称为相邻色，与某种颜色成 180° 的颜色称为互补色。例如，青色的相邻色是绿色和蓝色，互补色是红色，如图 7-16 所示。一般相邻色给人自然和谐、赏心悦目之感，而互补色则给人对比强烈、充满活力之感。

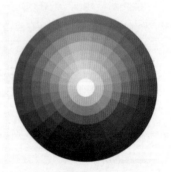

图 7-16

（2）视频初级调色的概念

视频的初级调色是调节视频的相邻色和互补色来匹配视频画面的颜色。调色方式有两种，一是增加相邻色，二是减少互补色。例如，调整短视频画面中偏向红色的色调时，可以同时增加相邻色黄色和品红色，也可以减少互补色青色以达到目的。

（3）视频调色的色彩元素

◆ 色温。色温是光线所包含的颜色的衡量单位，会影响人们对颜色的感知。调色温是调色师必须掌握的技能之一，利用白平衡校正拍摄中出现的偏色是视频调色的基础。色温越高，光线越趋于冷色调；色温越低，光线越趋于暖色调。图 7-17 所示为色温与白平衡示意图，范围为 3000K 到 8000K。

图 7-17

- 色相。色相是颜色的相貌，是由光波波长产生的。光谱中有红、橙、黄、绿、蓝、紫6种基本色相。
- 饱和度。饱和度是颜色的鲜艳程度，也称色彩的纯度。在色轮中，越靠近边缘饱和度越高，颜色越鲜艳，色轮边缘颜色的饱和度是100%；越靠近中心饱和度越低。颜色越平淡，色轮中心颜色的饱和度是0，如图7-18所示。

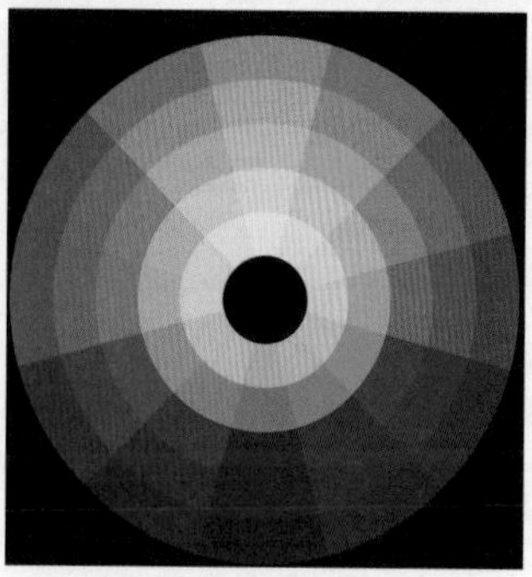

图 7-18

7.1.3 短视频广告制作技巧

短视频广告是指以时间较短的视频承载的广告，主要是将创意用视觉的形式进行表现。短视频广告有其特有的制作属性，下面对制作流程进行简要的总结和说明。

1. 需求对接

了解客户真实需求、产品定位、投放范围和渠道等要求，以便确定短视频的风格和类型。

2. 策划创作

短视频广告一般要求以秒来计算时长，所以从片头开始就要吸引人。因此，在策划阶段，可以利用表情、动作、对白、音乐、字幕、剧情甚至是服装和场景等设计多种形式进行表现。在前期进行有效沟通，快速产出脚本。

3. 现场拍摄

（1）选择合适的演员

基于策划的脚本，选择最合适的演员，确认演员的服装和妆容。例如，教育行业短视频广告的受众是家庭成员、年轻的白领，演员的选择就需要针对客户的需求进行。

（2）选择合适的场景

场景的选择要与演员服饰和妆容的整体风格相符，环境也要符合广告宣传的主题。例如，运动类广告要选择运动的场景，要有代入感。

4. 后期制作

（1）素材挑选与脚本匹配

将拍摄的有效素材进行挑选分类。将剧本内容与素材进行匹配剪辑，粗剪加工。

（2）选择有效的背景音乐

为了让视频观感更好，后期制作人员应选择合适的背景音乐和一些有趣的音效来展示剧情与突出主题。

（3）适当加入转场特效

短视频节奏比较快，画面切换也比较快，为了快又不突兀，后期制作人员可以在衔接画面时使用一些转场特效，但由于广告主要体现的是内容而不是特效，因此转场特效不宜过分地使用。

（4）制作加分的字幕

加入字幕是制作广告很重要的一环，无论是片头字幕还是片尾字幕，都需要将广告的内容主题进行直观表现。画面和音效等都制作好后，为了让视频更加完整，可以在后期制作时添加字幕，增加短视频的趣味性。

7.2 制作期——制作"商品广告"宣传片

使用"新建"和"导入"命令新建项目导入视频素材，使用拖曳方法将序列匹配视频素材，使用"编辑"命令取消视频、音频链接，使用"选择"工具和扩展剪辑点剪辑和移动素材，使用"编辑"命令制作闪屏效果，使用"新建"命令创建并添加新元素，使用"效果"面板添加视频、音频过渡，使用"效果控件"面板编辑视频过渡并调整素材动画，使用"导出"命令导出视频文件。最终效果参看"Ch07/ 商品广告 / 商品广告 .prproj"，如图 7-19 所示。

图 7-19

170 7.2.1 新建项目并导入素材

① 启动 Premiere Pro CC 2018 软件，弹出"开始"欢迎界面。单击"新建项目"按钮，弹出"新建项目"对话框，在"位置"选项中选择文件保存的路径，在"名称"文本框中输入文件名"商品广告"，如图 7-20 所示。单击"确定"按钮，进入软件工作界面。选择"文件 > 新建 > 序列"命令，弹出"新建序列"对话框，如图 7-21 所示。单击"确定"按钮，完成序列的创建。

图 7-20   图 7-21

② 选择"文件 > 导入"命令，弹出"导入"对话框，选择云盘中的"Ch07/ 商业广告 / 素材 / 01 ~ 10"文件，如图 7-22 所示。单击"打开"按钮，将视频文件导入"项目"面板中，如图 7-23 所示。

图 7-22

图 7-23

7.2.2 序列匹配视频素材

① 将时间标签放置在 00：00：05：08 的位置，将"项目"面板中的"01"文件拖曳到"时间线"面板的"视频 1"轨道中，弹出"剪辑不匹配警告"对话框，如图 7-24 所示，单击"更改序列设置"按钮。将"01"文件放置到"视频 1"轨道中，如图 7-25 所示。

图 7-24

图 7-25

② 将时间标签放置在 00：00：18：04 的位置，选择"剃刀"工具，在"01"素材文件上单击，切割影片，如图 7-26 所示。选择"选择"工具，选择时间标签左侧的素材影片，按 Delete 键删除文件，如图 7-27 所示。

图 7-26

图 7-27

③ 将时间标签放置在 00：00：05：08 的位置，将切割出的右侧素材影片拖曳到 00：00：05：08 的位置，如图 7-28 所示。将时间标签放置在 00：00：08：01 的位置，选择"剃刀"工具，在"01"素材文件上单击，切割影片，如图 7-29 所示。

图 7-28   图 7-29

④ 将时间标签放置在 00:00:14:10 的位置，选择"剃刀"工具 ◆，在"01"素材文件上单击，切割影片，如图 7-30 所示。选择"选择"工具 ▶，选择时间标签右侧切割的素材影片，按 Delete 键删除文件，如图 7-31 所示。

图 7-30   图 7-31

7.2.3 取消视频、音频链接

① 选择"时间线"面板中的第 1 个素材影片，如图 7-32 所示。选择"剪辑 > 取消链接"命令，取消视频、音频链接，如图 7-33 所示。

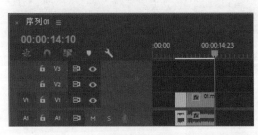

图 7-32   图 7-33

② 选择下方的音频文件，如图 7-34 所示。按 Delete 键删除音频，如图 7-35 所示。

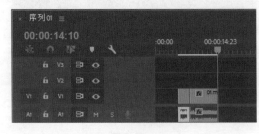

图 7-34   图 7-35

③ 选择"时间线"面板中的第 2 个素材影片，选择"剪辑 > 取消链接"命令，取消视频、音频链接，如图 7-36 所示。选择下方的音频文件，按 Delete 键删除音频，如图 7-37 所示。

图 7-36

图 7-37

④ 单击音频轨道左侧的音频标签，如图 7-38 所示，激活音频内容，覆盖插入的音频。将"项目"面板中的"02"文件拖曳到"时间线"面板的"视频 1"轨道中，如图 7-39 所示。

图 7-38

图 7-39

7.2.4　剪辑并调整视频素材

1. 调整视频素材的大小

① 选择"时间线"面板中的"02"文件，如图 7-40 所示。"节目"窗口中的效果如图 7-41 所示。

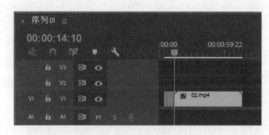
图 7-40

图 7-41

② 在"效果控件"面板中展开"运动"特效，将"缩放"选项设置为 200，如图 7-42 所示。"节目"窗口中的效果如图 7-43 所示。

图 7-42

图 7-43

2. 剪辑和移动视频素材

① 将时间标签放置在00:00:26:04的位置，选择"剃刀"工具 ◈，在"02"素材文件上单击，切割影片，如图7-44所示。选择"选择"工具 ▶，选择时间标签左侧切割的素材影片，按Delete键删除文件，如图7-45所示。

图 7-44

图 7-45

② 选择切割的右侧的素材影片，向左拖曳到左侧文件的结束位置，如图7-46所示。将时间标签放置在00:00:16:12的位置，选择"剃刀"工具 ◈，在"02"素材文件上单击，切割影片，如图7-47所示。

图 7-46

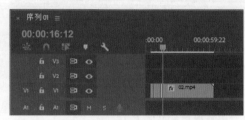

图 7-47

③ 将时间标签放置在00:00:19:12的位置，选择"剃刀"工具 ◈，在"02"素材文件上单击，切割影片，如图7-48所示。将时间标签放置在00:00:19:21的位置，选择"剃刀"工具 ◈，在"02"素材文件上单击，切割影片，如图7-49所示。

图 7-48

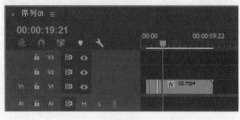

图 7-49

④ 选择"选择"工具 ▶，选择时间标签左侧切割的素材影片，按Delete键删除文件。选择切割的右侧的素材影片，向左拖曳到左侧文件的结束位置，如图7-50所示。将时间标签放置在00:00:21:08的位置，选择"剃刀"工具 ◈，在"02"素材文件上单击，切割影片，如图7-51所示。

图 7-50

图 7-51

⑤ 将时间标签放置在00:00:30:21的位置，选择"剃刀"工具 ✎，在"02"素材文件上单击，切割影片，如图7-52所示。选择"选择"工具 ▶，选择时间标签左侧切割的素材影片，按Delete键删除文件。选择切割的右侧的素材影片，向左拖曳到左侧文件的结束位置，如图7-53所示。

图7-52

图7-53

⑥ 将时间标签放置在00:00:24:14的位置，选择"剃刀"工具 ✎，在"02"素材文件上单击，切割影片，如图7-54所示。将时间标签放置在00:00:25:01的位置，选择"剃刀"工具 ✎，在"02"素材文件上单击，切割影片，如图7-55所示。

图7-54

图7-55

⑦ 选择"选择"工具 ▶，选择时间标签左侧切割的素材影片，按Delete键删除文件。选择切割的右侧的素材影片，向左拖曳到左侧文件的结束位置，如图7-56所示。将时间标签放置在00:00:25:15的位置，选择"剃刀"工具 ✎，在"02"素材文件上单击，切割影片，如图7-57所示。

图7-56

图7-57

⑧ 将时间标签放置在00:00:25:17的位置，选择"剃刀"工具 ✎，在"02"素材文件上单击，切割影片，如图7-58所示。将时间标签放置在00:00:26:10的位置，选择"选择"工具 ▶，选择切割的右侧的素材影片，将其向右拖曳到00:00:26:10的位置，如图7-59所示。

图7-58

图7-59

⑨ 将时间标签放置在 00:00:42:19 的位置，选择"剃刀"工具 ◆，在"02"素材文件上单击，切割影片，如图 7-60 所示。将时间标签放置在 00:00:44:14 的位置，选择"剃刀"工具 ◆，在"02"素材文件上单击，切割影片，如图 7-61 所示。

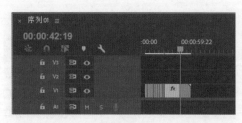
图 7-60

图 7-61

⑩ 选择"选择"工具 ▶，选择时间标签左侧切割的素材影片，将其向左拖曳到"视频 2"轨道中的适当位置，如图 7-62 所示。将鼠标指针放在素材文件的结束位置，当鼠标指针呈 ◀│ 状时单击，将其向右拖曳到与下方素材文件相同的结束位置上，如图 7-63 所示。

图 7-62

图 7-63

3. 制作闪屏效果

① 将时间标签放置在 00:00:25:18 的位置，如图 7-64 所示。选择"选择"工具 ▶，选取时间标签左侧的素材影片，按 Ctrl+C 组合键，复制素材。取消素材影片的选取状态。按 Ctrl+V 组合键，粘贴素材影片，如图 7-65 所示。

图 7-64

图 7-65

② 将时间标签放置在 00:00:25:20 的位置，取消素材影片的选取状态。按 Ctrl+V 组合键，粘贴素材影片，如图 7-66 所示。用相同的方法在 00:00:25:22、00:00:26:00、00:00:26:02、00:00:26:04、00:00:26:06、00:00:26:08 处粘贴素材影片，如图 7-67 所示。

图 7-66

图 7-67

③ 将时间标签放置在 00:00:31:11 的位置，选择"剃刀"工具 ◆，在"02"素材文件上单击，切割影片，如图 7-68 所示。将时间标签放置在 00:00:31:12 的位置，选择"剃刀"工具 ◆，在"02"素材文件上单击，切割影片，如图 7-69 所示。

图 7-68

图 7-69

④ 选择"选择"工具 ▶，选择时间标签左侧切割的素材影片，如图 7-70 所示。将时间标签放置在 00:00:26:06 的位置，将选择的素材影片向左拖曳到"视频 2"轨道中的 00:00:26:06 的位置处，如图 7-71 所示。

图 7-70

图 7-71

⑤ 单击"视频 1"轨道标签，取消"视频 1"轨道的选取状态，如图 7-72 所示。单击"视频 2"轨道标签，选择"视频 2"轨道为目标轨道，如图 7-73 所示。按 Ctrl+C 组合键，复制素材。

图 7-72

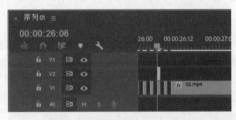
图 7-73

⑥ 将时间标签放置在 00:00:26:08 的位置，取消素材影片的选取状态。按 Ctrl+V 组合键，粘贴素材影片，如图 7-74 所示。用相同的方法在 00:00:25:10、00:00:26:12、00:00:26:14、00:00:26:16、00:00:26:18、00:00:26:20、00:00:26:22 处粘贴素材影片，如图 7-75 所示。

图 7-74

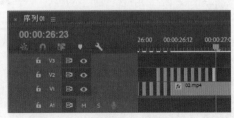
图 7-75

4. 调整视频素材的轨道

① 将时间标签放置在 00:00:29:04 的位置，选择"剃刀"工具 ◆，在"02"素材文件上单击，

切割影片，如图7-76所示。选择"选择"工具 ，选择时间标签右侧的素材影片，将其向上拖曳到"视频2"轨道中，如图7-77所示。

图 7-76

图 7-77

② 将"项目"面板中的"03"文件拖曳到"时间线"面板中的"视频1"轨道中，如图7-78所示。单击"视频2"轨道左侧的"切换轨道输出"按钮 ，切换轨道输出，如图7-79所示。

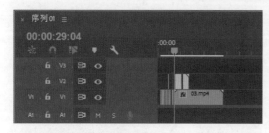

图 7-78

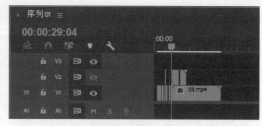

图 7-79

③ 将时间标签放置在00:01:21:00的位置，选择"剃刀"工具 ，在"03"素材文件上单击，切割影片，如图7-80所示。选择"选择"工具 ，选择时间标签左侧切割的素材影片，按 Delete 键删除文件。选择切割的右侧的素材影片，将其向左拖曳到左侧文件的结束位置，如图7-81所示。

图 7-80

图 7-81

④ 将时间标签放置在00:00:43:20的位置，选择"剃刀"工具 ，在"03"素材文件上单击，切割影片，如图7-82所示。选择"选择"工具 ，选择时间标签右侧切割的素材影片，按 Delete 键删除文件，如图7-83所示。

图 7-82

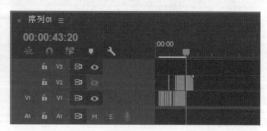

图 7-83

短视频制作实战 策划 拍摄 制作 运营（全彩慕课版）

⑤ 单击"视频 2"轨道左侧的"切换轨道输出"按钮 ，切换轨道输出，如图 7-84 所示。选择"选择"工具 ，选择"视频 2"轨道中的素材影片，将其拖曳到"视频 1"轨道中，如图 7-85 所示。

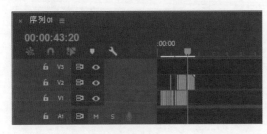
图 7-84

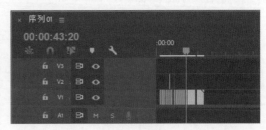
图 7-85

5. 剪辑视频素材

① 将时间标签放置在 00:00:51:22 的位置，选择"剃刀"工具 ，在素材文件上单击，切割影片，如图 7-86 所示。选择"选择"工具 ，选择时间标签左侧需要的素材影片，如图 7-87 所示。

图 7-86

图 7-87

② 按 Delete 键删除文件，如图 7-88 所示。选择右侧的素材影片，将其向左拖曳到左侧文件的结束位置，如图 7-89 所示。

图 7-88

图 7-89

③ 将时间标签放置在 00:00:46:22 的位置，选择"剃刀"工具 ，在素材文件上单击，切割影片，如图 7-90 所示。将时间标签放置在 00:00:49:07 的位置，选择"剃刀"工具 ，在素材文件上单击，切割影片，如图 7-91 所示。

图 7-90

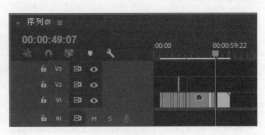
图 7-91

④ 选择"选择"工具 ▶，选择时间标签右侧切割的素材影片，按 Delete 键，删除文件，如图7-92所示。选择时间标签右侧的素材影片，将其向左拖曳到左侧文件的结束位置，如图7-93所示。

图 7-92

图 7-93

⑤ 将时间标签放置在00:00:52:11的位置，选择"剃刀"工具 ◆，在素材文件上单击，切割影片，如图7-94所示。选择"选择"工具 ▶，选择时间标签左侧切割的素材影片，按 Delete 键，删除文件。选择切割的右侧的素材影片，将其向左拖曳到左侧文件的结束位置，如图7-95所示。

图 7-94

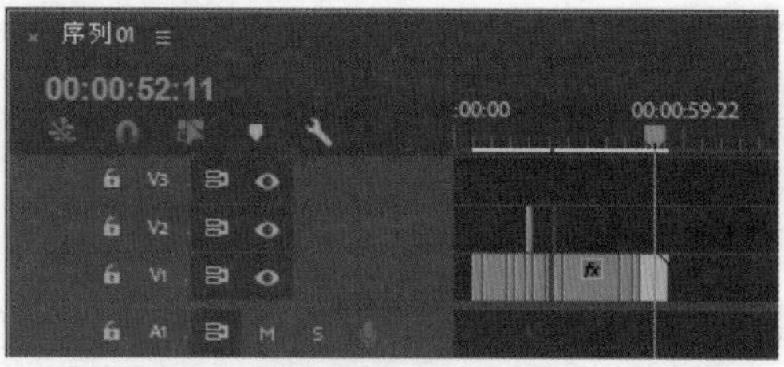

图 7-95

⑥ 将时间标签放置在00:00:51:12的位置，选择"剃刀"工具 ◆，在素材文件上单击，切割影片，如图7-96所示。选择"选择"工具 ▶，选择时间标签左侧切割的素材影片，按 Delete 键删除文件。选择切割的右侧的素材影片，将其向左拖曳到左侧文件的结束位置，如图7-97所示。

图 7-96

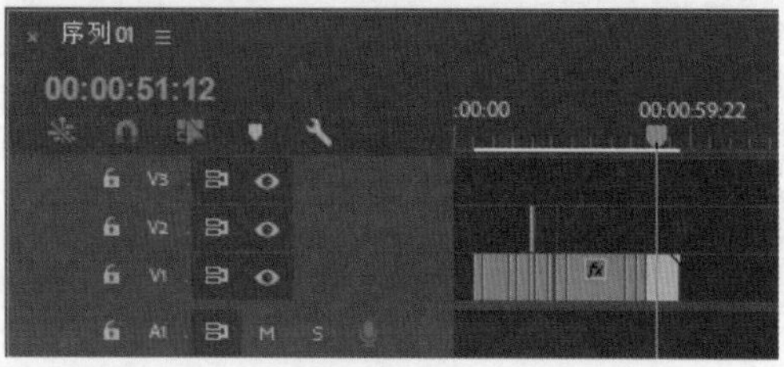

图 7-97

⑦ 将时间标签放置在00:00:52:09的位置，选择"剃刀"工具 ◆，在素材文件上单击，切割影片，如图7-98所示。选择"选择"工具 ▶，选择时间标签右侧切割的素材影片，按 Delete 键删除文件，如图7-99所示。

图 7-98

图 7-99

短视频制作实战 策划 拍摄 制作 运营（全彩慕课版）

⑧ 将"项目"面板中的"03"文件拖曳到"时间线"面板中的"视频1"轨道中，如图7-100所示。将时间标签放置在00:00:52:22的位置，选择"剃刀"工具 ◈，在素材文件上单击，切割影片，如图7-101所示。

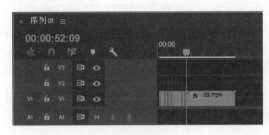

图 7-100

图 7-101

⑨ 选择"选择"工具 ▶，选择时间标签左侧切割的素材影片，按Delete键删除文件。选择切割的右侧的素材影片，将其向左拖曳到左侧文件的结束位置，如图7-102所示。将时间标签放置在00:00:58:21的位置，选择"剃刀"工具 ◈，在素材文件上单击，切割影片，如图7-103所示。

图 7-102

图 7-103

⑩ 选择"选择"工具 ▶，选择时间标签右侧切割的素材影片，按Delete键删除文件，如图7-104所示。将"项目"面板中的"04"文件拖曳到"时间线"面板中的"视频1"轨道中，如图7-105所示。

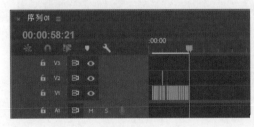

图 7-104

图 7-105

⑪ 将时间标签放置在00:01:19:00的位置，选择"剃刀"工具 ◈，在素材文件上单击，切割影片，如图7-106所示。选择"选择"工具 ▶，选择时间标签左侧切割的素材影片，按Delete键，删除文件。将时间标签放置在00:01:22:17的位置，选择"剃刀"工具 ◈，在素材文件上单击，切割影片，如图7-107所示。

图 7-106

图 7-107

⑫ 将时间标签放置在00:01:23:20的位置，选择"剃刀"工具 ✂，在素材文件上单击，切割影片，如图7-108所示。选择"选择"工具 ▶，选择时间标签左侧切割的素材影片，按Delete键删除文件，如图7-109所示。

图 7-108   图 7-109

⑬ 将时间标签放置在00:01:26:08的位置，选择"剃刀"工具 ✂，在素材文件上单击，切割影片，如图7-110所示。将时间标签放置在00:02:43:21的位置，选择"剃刀"工具 ✂，在素材文件上单击，切割影片，如图7-111所示。

图 7-110   图 7-111

⑭ 选择"选择"工具 ▶，选择时间标签左侧切割的素材影片，按Delete键删除文件，如图7-112所示。选择"选择"工具 ▶，将时间标签左侧的两个素材影片向上拖曳到"视频2"轨道中，将时间标签右侧的素材影片向左拖曳到左侧文件的结束位置，如图7-113所示。

图 7-112   图 7-113

⑮ 将时间标签放置在00:01:07:18的位置，选择"剃刀"工具 ✂，在素材文件上单击，切割影片。选择"选择"工具 ▶，选择时间标签右侧切割的素材影片，按Delete键删除文件，如图7-114所示。将时间标签放置在00:01:00:06的位置，选择"视频2"轨道中的素材影片到时间标签的位置，如图7-115所示。

图 7-114   图 7-115

⑯ 选择右侧需要的素材影片，将其向左拖曳到左侧文件的结束位置，如图 7-116 所示。将"项目"面板中的"05"文件拖曳到"时间线"面板中的"视频 1"轨道中，如图 7-117 所示。

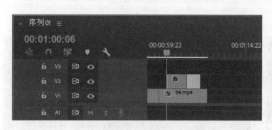

图 7-116

图 7-117

⑰ 将时间标签放置在 00:04:37:14 的位置，选择"剃刀"工具 ◈，在素材文件上单击，切割影片，如图 7-118 所示。选择"选择"工具 ▶，选择时间标签左侧切割的素材影片，按 Delete 键删除文件。选择切割的右侧的素材影片，将其向左拖曳到左侧文件的结束位置，如图 7-119 所示。

图 7-118

图 7-119

⑱ 将时间标签放置在 00:01:10:04 的位置，选择"剃刀"工具 ◈，在素材文件上单击，切割影片，如图 7-120 所示。将时间标签放置在 00:01:16:16 的位置，选择"剃刀"工具 ◈，在素材文件上单击，切割影片，如图 7-121 所示。

图 7-120

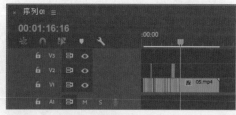

图 7-121

⑲ 选择"选择"工具 ▶，选择时间标签左侧切割的素材影片，按 Delete 键，删除文件。选择切割的右侧的素材影片，将其向左拖曳到左侧文件的结束位置，如图 7-122 所示。将时间标签放置在 00:01:12:20 的位置，选择"剃刀"工具 ◈，在素材文件上单击，切割影片，如图 7-123 所示。

图 7-122

图 7-123

⑳ 将时间标签放置在00:01:14:19的位置，选择"剃刀"工具![icon]，在素材文件上单击，切割影片，如图7-124所示。选择"选择"工具![icon]，选择时间标签左侧切割的素材影片，按Delete键删除文件。选择切割的右侧的素材影片，将其向左拖曳到左侧文件的结束位置，如图7-125所示。

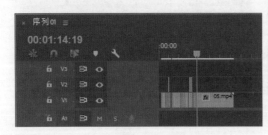

图7-124

图7-125

㉑ 将时间标签放置在00:01:16:12的位置，选择"剃刀"工具![icon]，在素材文件上单击，切割影片，如图7-126所示。将时间标签放置在00:02:19:22的位置，选择"剃刀"工具![icon]，在素材文件上单击，切割影片，如图7-127所示。

图7-126

图7-127

㉒ 选择"选择"工具![icon]，选择时间标签左侧切割的素材影片，按Delete键删除文件。选择切割的右侧的素材影片，将其向左拖曳到左侧文件的结束位置，如图7-128所示。

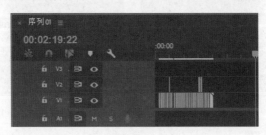

图7-128

7.2.5 调整视频素材效果

1. 调整视频素材的缩放

① 在"时间线"面板中选择"视频1"轨道中的"03"文件，如图7-129所示。在"效果控件"面板中展开"运动"特效，将"缩放"选项设置为75.0，如图7-130所示。

② 将时间标签放置在00:00:57:00的位置，在"时间线"面板中选择"视频1"轨道中的"03"文件，如图7-131所示。在"效果控件"面板中展开"运动"特效，将"缩放"选项设置为75.0，如图7-132所示。

图 7-129

图 7-130

图 7-131

图 7-132

③ 将时间标签放置在 00:01:00:00 的位置，在"时间线"面板中选择"视频 1"轨道中的"04"文件，如图 7-133 所示。在"效果控件"面板中展开"运动"特效，取消勾选"等比缩放"复选框，将"缩放高度"选项设置为 87.9，"缩放宽度"选项设置为 92.9，如图 7-134 所示。

图 7-133

图 7-134

④ 将时间标签放置在 00:01:02:00 的位置，在"时间线"面板中选择"视频 1"轨道中的"04"文件，如图 7-135 所示。在"效果控件"面板中展开"运动"特效，取消勾选"等比缩放"复选框，将"缩放高度"选项设置为 88.5，将"缩放宽度"选项设置为 75.5，如图 7-136 所示。

图 7-135

图 7-136

⑤ 将时间标签放置在 00:01:05:00 的位置，在"时间线"面板中选择"视频 1"轨道中的"04"文件，如图 7-137 所示。在"效果控件"面板中展开"运动"特效，取消勾选"等比缩放"复选框，将"缩放高度"选项设置为 88.5，将"缩放宽度"选项设置为 75.5，如图 7-138 所示。

图 7-137

图 7-138

2. 调整视频素材的不透明度

① 将时间标签放置在 00:00:20:00 的位置，在"时间线"面板中选择"视频 2"轨道中的"02"文件，如图 7-139 所示。在"效果控件"面板中展开"不透明度"特效，将"不透明度"选项设置为 47.0%，如图 7-140 所示。

图 7-139

图 7-140

② 将时间标签放置在 00:01:02:00 的位置，在"时间线"面板中选择"视频 2"轨道中的"04"文件，如图 7-141 所示。在"效果控件"面板中展开"不透明度"特效，将"不透明度"选项设置为 41.0%，如图 7-142 所示。

图 7-141

图 7-142

③ 将时间标签放置在 00:01:05:00 的位置，在"时间线"面板中选择"视频 2"轨道中的"04"文件，如图 7-143 所示。在"效果控件"面板中展开"不透明度"特效，将"不透明度"选项设置为 41.0%，如图 7-144 所示。

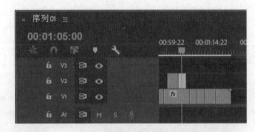

图 7-143

图 7-144

7.2.6 添加并调整音频素材

① 将时间标签放置在 00:00:05:08 的位置，将"项目"面板中的"09"文件拖曳到"时间线"面板中的"音频 1"轨道中，如图 7-145 所示。

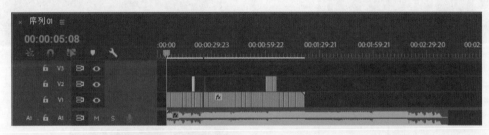

图 7-145

② 将时间标签放置在 00:01:21:16 的位置，将鼠标指针放在"09"文件的结束位置，当鼠标指针呈 ◄ 状时单击，选取编辑点，如图 7-146 所示。按 E 键，将所选编辑点扩展到播放指示器的位置，如图 7-147 所示。

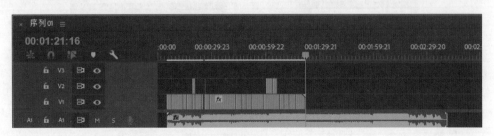

图 7-146

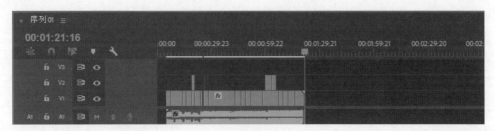

图 7-147

7.2.7 创建并添加新元素

1. 创建颜色遮罩和调整图层

① 选择"文件 > 新建 > 颜色遮罩"命令，弹出"新建颜色遮罩"对话框，如图 7-148 所示，单击"确定"按钮。弹出"拾色器"对话框，具体的设置如图 7-149 所示。单击"确定"按钮。弹出"选择名称"对话框，如图 7-150 所示。单击"确定"按钮。在"项目"面板中新建"颜色遮罩"文件，如图 7-151 所示。

图 7-148

图 7-149

图 7-150

图 7-151

② 选择"文件 > 新建 > 颜色遮罩"命令，弹出"新建颜色遮罩"对话框，如图 7-152 所示，单击"确定"按钮。弹出"拾色器"对话框，具体的设置如图 7-153 所示。单击"确定"按钮。弹出"选择名称"对话框，如图 7-154 所示。单击"确定"按钮。在"项目"面板中新建"颜色遮罩 2"文件，如图 7-155 所示。

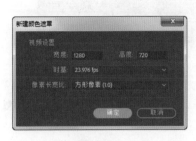

图 7-152

图 7-153

图 7-154

图 7-155

③ 选择"文件 > 新建 > 调整图层"命令，弹出"调整图层"对话框，如图 7-156 所示。单击"确定"按钮，在"项目"面板中新建"调整图层"文件，如图 7-157 所示。

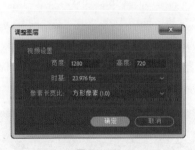

图 7-156

图 7-157

2. 添加并调整新元素

① 将"项目"面板中的"颜色遮罩"文件拖曳到"时间线"面板中的"视频 1"轨道中，如图 7-158 所示。将鼠标指针放在"颜色遮罩"文件的结束位置，当鼠标指针呈 状时单击，选取编辑点。向后拖曳鼠标指针到"01"文件的开始位置上，如图 7-159 所示。

图 7-158　　　　　　　　　　　　　图 7-159

② 将"项目"面板中的"06"文件拖曳到"时间线"面板中的"视频 2"轨道中，如图 7-160 所示。将时间标签放置在 00:00:03:08 的位置，将鼠标指针放在"06"文件的结束位置，当鼠标指针呈 ◄ 状时单击，选取编辑点。按 E 键，将所选编辑点扩展到播放指示器的位置，如图 7-161 所示。

图 7-160　　　　　　　　　　　　　图 7-161

③ 将"项目"面板中的"07"文件拖曳到"时间线"面板中的"视频 2"轨道中，如图 7-162 所示。将鼠标指针放在"07"文件的结束位置，当鼠标指针呈 ◄ 状时单击，选取编辑点。向后拖曳鼠标指针到与"颜色遮罩"文件相同的结束位置上，如图 7-163 所示。

图 7-162　　　　　　　　　　　　　图 7-163

④ 将时间标签放置在 00:01:17:04 的位置，将"项目"面板中的"06"文件拖曳到"时间线"面板中的"视频 2"轨道中，如图 7-164 所示。将时间标签放置在 00:01:19:23 的位置，将鼠标指针放在"06"文件的结束位置，当鼠标指针呈 ◄ 状时单击，选取编辑点。按 E 键，将所选编辑点扩展到播放指示器的位置，如图 7-165 所示。

图 7-164　　　　　　　　　　　　　图 7-165

⑤ 将"项目"面板中的"07"文件拖曳到"时间线"面板中的"视频2"轨道中，如图7-166所示。将鼠标指针放在"07"文件的结束位置，当鼠标指针呈◄┃状时单击，选取编辑点。向前拖曳鼠标指针到与"05"文件相同的结束位置上，如图7-167所示。

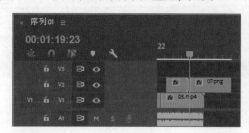

图 7-166

图 7-167

⑥ 将"项目"面板中的"10"文件拖曳到"时间线"面板中的"音频2"轨道中，如图7-168所示。将时间标签放置在00∶00∶06∶10的位置。将鼠标指针放在"10"文件的结束位置，当鼠标指针呈◄┃状时单击，选取编辑点。按 E 键，将所选编辑点扩展到播放指示器的位置，如图7-169所示。

图 7-168

图 7-169

⑦ 将"项目"面板中的"颜色遮罩2"文件拖曳到"时间线"面板中的"视频3"轨道中，如图7-170所示。将鼠标指针放在"颜色遮罩2"文件的结束位置，当鼠标指针呈◄┃状时单击，选取编辑点。向后拖曳鼠标指针到与"07"文件相同的结束位置上，如图7-171所示。

图 7-170

图 7-171

⑧ 将"项目"面板中的"调整图层"文件拖曳到"时间线"面板中的"视频3"轨道中，如图7-172所示。将鼠标指针放在"调整图层"文件的结束位置，当鼠标指针呈◄┃状时单击，选取编辑点。向后拖曳鼠标指针到与"05"文件相同的结束位置上，如图7-173所示。

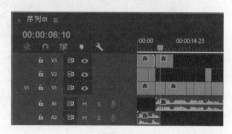

图 7-172

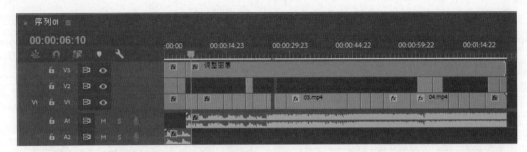

图 7-173

⑨ 将"项目"面板中的"颜色遮罩 2"文件拖曳到"时间线"面板中的"视频 4"轨道中,如图 7-174 所示。将鼠标指针放在"颜色遮罩 2"文件的结束位置,当鼠标指针呈 状时单击,选取编辑点。向后拖曳鼠标指针到与"07"文件相同的结束位置上,如图 7-175 所示。

图 7-174

图 7-175

7.2.8 制作视频素材动画

① 将时间标签放置在 00:00:00:00 的位置,在"时间线"面板选择"视频 4"轨道中的"颜色遮罩 2"文件,如图 7-176 所示。在"效果控件"面板中展开"运动"特效,将"位置"选项设置为 640.0 和 180.0,取消勾选"等比缩放"复选框,将"缩放高度"选项设置为 50.0,将"缩放宽度"选项设置为 100.0,如图 7-177 所示。

图 7-176

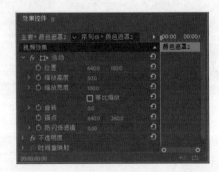

图 7-177

② 单击"位置"选项左侧的"切换动画"按钮 ,如图 7-178 所示。记录第 1 个动画关键帧。将时间标签放置在 00:00:05:08 的位置,在"效果控件"面板中将"位置"选项设置为 640.0 和 -180.0,如图 7-179 所示。记录第 2 个动画关键帧。

短视频制作实战 策划 拍摄 制作 运营(全彩慕课版)

192

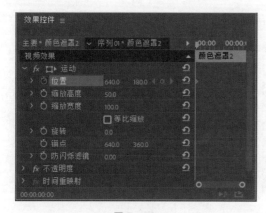

图 7-178

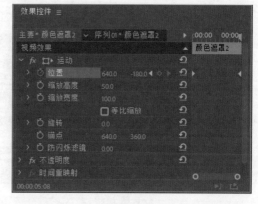

图 7-179

③ 将时间标签放置在 00:00:00:00 的位置,在"时间线"面板中选择"视频 3"轨道中的"颜色遮罩 2"文件,如图 7-180 所示。在"效果控件"面板中展开"运动"特效,将"位置"选项设置为 640.0 和 542.0,取消勾选"等比缩放"复选框,将"缩放高度"选项设置为 55.0,将"缩放宽度"选项设置为 100.0,如图 7-181 所示。

图 7-180

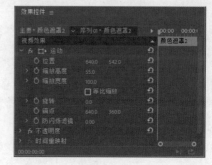

图 7-181

④ 单击"位置"选项左侧的"切换动画"按钮 ⟳,如图 7-182 所示。记录第 3 个动画关键帧。将时间标签放置在 00:00:05:06 的位置,在"效果控件"面板中将"位置"选项设置为 640.0 和 914.0,如图 7-183 所示。记录第 4 个动画关键帧。

图 7-182

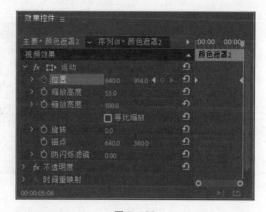

图 7-183

⑤ 将时间标签放置在 00:00:01:14 的位置,在"时间线"面板中选择"视频 2"轨道中的"06"文件,如图 7-184 所示。在"效果控件"面板中展开"运动"特效,将"位置"选项设置为 670.3

和431.2，将"缩放"选项设置为0，如图7-185所示。

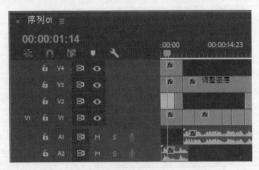

图 7-184   图 7-185

⑥ 单击"缩放"选项左侧的"切换动画"按钮 ，如图7-186所示。记录第5个动画关键帧。将时间标签放置在00:00:02:21的位置，在"效果控件"面板中将"缩放"选项设置为170.0，如图7-187所示。记录第6个动画关键帧。

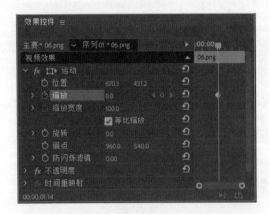

图 7-186   图 7-187

⑦ 将时间标签放置在 00:00:04:00 的位置，在"时间线"面板中选择"视频2"轨道中的"07"文件，如图7-188所示。在"效果控件"面板中展开"运动"特效，将"位置"选项设置为670.3和405.2，将"缩放"选项设置为170.0，如图7-189所示。

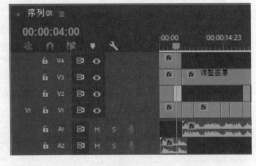

图 7-188   图 7-189

⑧ 将时间标签放置在 00:01:19:00 的位置，在"时间线"面板中选择"视频2"轨道中的"06"文件，如图7-190所示。在"效果控件"面板中展开"运动"特效，将"位置"选项设置为656.1和404.7，如图7-191所示。

短视频制作实战 策划 拍摄 制作 运营（全彩慕课版）

图 7-190

图 7-191

⑨ 将时间标签放置在 00:01:20:00 的位置，在"时间线"面板中选择"视频 2"轨道中的"07"文件，如图 7-192 所示。在"效果控件"面板中展开"运动"特效，将"位置"选项设置为 656.1 和 404.7，如图 7-193 所示。

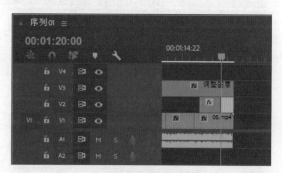

图 7-192

图 7-193

7.2.9 添加调整图层快速调色

① 将时间标签放置在 00:00:07:00 的位置，选中"时间线"面板"视频 3"轨道中的"调整图层"文件，如图 7-194 所示。单击工作界面上方的"颜色"按钮，进入"颜色"工作区。

② 在右侧的"Lumetri 颜色"面板中展开"基本校正"选项组中的"色调"选项，具体的设置如图 7-195 所示。展开"创意"选项组中的"调整"选项，具体的设置如图 7-196 所示。

图 7-194

图 7-195

图 7-196

7.2.10　添加并编辑视频过渡

1.　添加居中视频过渡

① 在"效果"面板中展开"视频过渡"特效分类选项，单击"溶解"文件夹左侧的三角形按钮
▶将其展开，选中"渐隐为白色"特效，如图 7-197 所示。将"渐隐为白色"特效拖曳到"时间线"
面板中的"颜色遮罩"文件的结束位置和"01"文件的开始位置，如图 7-198 所示。

图 7-197

图 7-198

② 在"效果"面板中选中"交叉溶解"特效，如图 7-199 所示。将"交叉溶解"特效拖曳到"时间线"面板中的"01"文件的结束位置和"01"文件的开始位置，如图 7-200 所示。

图 7-199

图 7-200

③ 在"效果"面板中单击"沉浸式视频"文件夹左侧的三角形按钮▶将其展开，选中"VR 色度泄漏"特效，如图 7-201 所示。将"VR 色度泄漏"特效拖曳到"时间线"面板中的"01"文件的结束位置和"02"文件的开始位置，如图 7-202 所示。

图 7-201

图 7-202

④ 在"效果"面板中单击"溶解"文件夹左侧的三角形按钮▶将其展开，选中"渐隐为黑色"特效，如图 7-203 所示。将"渐隐为黑色"特效拖曳到"时间线"面板中的"02"文件的结束位置和"02"

文件的开始位置，如图 7-204 所示。

图 7-203

图 7-204

⑤ 在"效果"面板中选中"交叉溶解"特效，如图 7-205 所示。将"交叉溶解"特效拖曳到"时间线"面板中的"02"文件的结束位置和"02"文件的开始位置，如图 7-206 所示。

图 7-205

图 7-206

⑥ 选中"时间线"面板中的"交叉溶解"特效，如图 7-207 所示。在"效果控件"面板中将"持续时间"选项设为 00：00：00：09，"对齐"选项设为"中心切入"，如图 7-208 所示。将"交叉溶解"特效拖曳到"时间线"面板中的"02"文件的结束位置和"02"文件的开始位置，如图 7-209 所示。

图 7-207

图 7-208

图 7-209

⑦ 在"效果"面板中单击"溶解"文件夹左侧的三角形按钮▷将其展开，选中"渐隐为白色"特效，如图7-210所示。将"渐隐为白色"特效拖曳到"时间线"面板中的"02"文件的结束位置和"03"文件的开始位置，如图7-211所示。

图 7-210

图 7-211

⑧ 在"效果"面板中单击"滑动"文件夹左侧的三角形按钮▷将其展开，选中"拆分"特效，如图7-212所示。将"拆分"特效拖曳到"时间线"面板中的"03"文件的结束位置和"02"文件的开始位置，如图7-213所示。

图 7-212

图 7-213

⑨ 在"效果"面板中单击"溶解"文件夹左侧的三角形按钮▷将其展开，选中"交叉溶解"特效，如图7-214所示。将"交叉溶解"特效拖曳到"时间线"面板中的"02"文件的结束位置和"03"文件的开始位置，如图7-215所示。

图 7-214

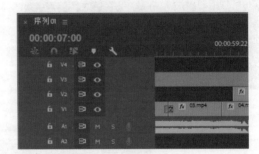

图 7-215

⑩ 选中"时间线"面板中的"交叉溶解"特效，如图7-216所示。在"效果控件"面板中将"持续时间"选项设为00:00:00:13，"对齐"选项设为"中心切入"，如图7-217所示。

⑪ 在"效果"面板中单击"滑动"文件夹左侧的三角形按钮▷将其展开，选中"推"特效，如图7-218所示。将"推"特效拖曳到"时间线"面板中的"03"文件的结束位置和"04"文件的开始位置，如图7-219所示。

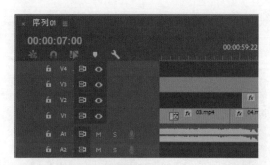

图 7-216

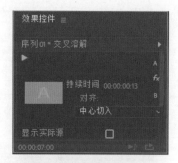

图 7-217

图 7-218

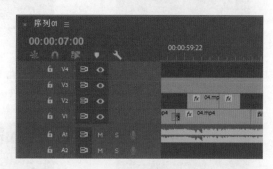

图 7-219

⑫ 选中"时间线"面板中的"推"特效，如图 7-220 所示。在"效果控件"面板中将"持续时间"选项设为 00：00：00：15，"对齐"选项设为"中心切入"，如图 7-221 所示。

图 7-220

图 7-221

⑬ 在"效果"面板中单击"溶解"文件夹左侧的三角形按钮 ▶ 将其展开，选中"交叉溶解"特效，如图 7-222 所示。将"交叉溶解"特效拖曳到"时间线"面板中的"04"文件的结束位置和"05"文件的开始位置，如图 7-223 所示。

图 7-222

图 7-223

⑭ 在"效果"面板中选中"胶片溶解"特效，如图 7-224 所示。将"胶片溶解"特效拖曳到"时间线"面板中的"05"文件的结束位置和"05"文件的开始位置，如图 7-225 所示。

图 7-224

图 7-225

⑮ 在"效果"面板中选中"渐隐为白色"特效，如图 7-226 所示。将"渐隐为白色"特效拖曳到"时间线"面板中的"05"文件的结束位置和"05"文件的开始位置，如图 7-227 所示。

图 7-226

图 7-227

⑯ 选中"时间线"面板中的"渐隐为白色"特效，如图 7-228 所示。在"效果控件"面板中将"持续时间"选项设为 00:00:00:13，"对齐"选项设为"中心切入"，如图 7-229 所示。

图 7-228

图 7-229

⑰ 在"效果"面板中单击"滑动"文件夹左侧的三角形按钮❯将其展开，选中"滑动"特效，如图 7-230 所示。将"滑动"特效拖曳到"时间线"面板中的"05"文件的结束位置和"05"文件的开始位置，如图 7-231 所示。

⑱ 选中"时间线"面板中的"滑动"特效，如图 7-232 所示。在"效果控件"面板中将"持续时间"选项设为 00:00:00:07，"对齐"选项设为"中心切入"，如图 7-233 所示。

图 7-230

图 7-231

图 7-232

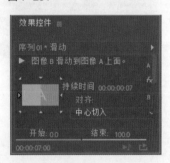

图 7-233

2. 添加左右对齐的视频过渡

① 在"效果"面板中单击"溶解"文件夹左侧的三角形按钮 ▶ 将其展开，选中"交叉溶解"特效，如图 7-234 所示。将"交叉溶解"特效拖曳到"时间线"面板"视频 2"轨道中的"07"文件的结束位置，如图 7-235 所示。

图 7-234

图 7-235

② 选中"时间线"面板中的"交叉溶解"特效，如图 7-236 所示。在"效果控件"面板中将"持续时间"选项设为 00:00:00:19，如图 7-237 所示。

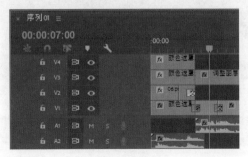

图 7-236

图 7-237

③ 在"效果"面板中选中"交叉溶解"特效,将其拖曳到"时间线"面板"视频2"轨道中的"02"文件的开始位置,如图7-238所示。选中"时间线"面板中的"交叉溶解"特效,在"效果控件"面板中将"持续时间"选项设为00:00:00:06,如图7-239所示。

图7-238

图7-239

④ 在"效果"面板中选中"交叉溶解"特效,将其拖曳到"时间线"面板"视频2"轨道中的"02"文件的结束位置,如图7-240所示。选中"时间线"面板中的"交叉溶解"特效,在"效果控件"面板中将"持续时间"选项设为00:00:00:09,如图7-241所示。

图7-240

图7-241

⑤ 在"效果"面板中选中"交叉溶解"特效,将其拖曳到"时间线"面板"视频2"轨道中的"04"文件的开始位置,如图7-242所示。在"效果"面板中选中"交叉溶解"特效,将其拖曳到"时间线"面板"视频2"轨道中的"04"文件的结束位置,如图7-243所示。

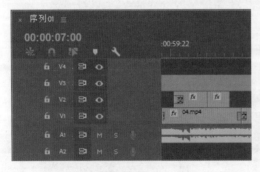

图7-242

图7-243

⑥ 选中"时间线"面板中的"交叉溶解"特效,如图7-244所示。在"效果控件"面板中将"持续时间"选项设为00:00:00:14,如图7-245所示。

⑦ 在"效果"面板中选中"交叉溶解"特效,将其拖曳到"时间线"面板"视频2"轨道中的"06"

文件的开始位置，如图 7-246 所示。在"效果"面板中选中"交叉溶解"特效，将其拖曳到"时间线"面板"视频 2"轨道中的"06"文件的开始位置和"07"文件的结束位置，如图 7-247 所示。

图 7-244

图 7-245

图 7-246

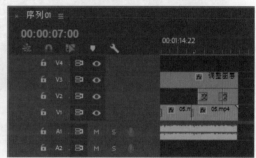

图 7-247

⑧ 在"效果"面板中选中"交叉溶解"特效，将其拖曳到"时间线"面板"视频 2"轨道中的"07"文件的结束位置，如图 7-248 所示。

图 7-248

7.2.11 添加并编辑音频素材

① 在"效果"面板中展开"音频过渡"特效分类选项，单击"交叉淡化"文件夹左侧的三角形按钮▶将其展开，选中"指数淡化"特效，如图 7-249 所示。将"指数淡化"特效拖曳到"时间线"面板"音频 1"轨道中的"09"文件的开始位置，如图 7-250 所示。

② 在"效果"面板中选中"指数淡化"特效，将其拖曳到"时间线"面板"音频 1"轨道中的"09"文件的结束位置，如图 7-251 所示。选中"时间线"面板中的"指数淡化"特效，在"效果控件"面板中将"持续时间"选项设为 00：00：02：19，如图 7-252 所示。

图 7-249

图 7-250

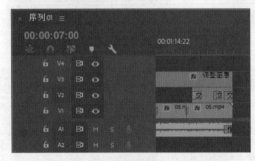

图 7-251

图 7-252

7.2.12　导出视频文件

选择"文件 > 导出 > 媒体"命令，弹出"导出设置"对话框，具体的设置如图 7-253 所示。单击"导出"按钮，导出视频文件。

图 7-253

7.3 | 课后习题

1. 任务

制作一条以一项商品为主题的广告短视频。

2. 任务要求

时长：1分钟。

拍摄要求：使用本章所提到的构图技巧。

制作要求：制作完整的产品广告短视频，包括字幕与片头。

第8章

短视频发布与推广

08

▶ **本章介绍**

短视频的内容固然重要，但想要让用户观看到，还需要进行短视频的推广。本章将对在短视频推广中选择合适发布渠道、优化发布渠道、多种方式推广、融合不同形式以及监控推广效果等内容进行系统讲解。通过对本章的学习，读者可以对短视频的推广有一个基本的认识，并能够快速掌握短视频推广的相关方法与技巧。

学习目标

● 了解选择合适发布渠道的方法。

● 掌握优化发布渠道的方法。

● 了解多种推广渠道。

● 了解如何融合不同形式。

● 了解推广效果的监控方法。

短视频发布与推广

8.1　选择合适的渠道

短视频的推广与发布渠道有着密切联系，因此根据制作的短视频的自身特点以及定位选择合适的渠道进行发布，对于后期推广有着重大的帮助。短视频的发布渠道可以大致分为专业级短视频、垂直类短视频、在线视频平台、资讯类客户端以及在线社交平台，如图 8-1 所示。

选择合适的渠道

图 8-1

短视频的发布不仅要考虑到短视频的自身特点以及定位，还要考虑到发布渠道的相关属性与规则，这里建议大家重点关注发布渠道的下载量排行榜、月活跃用户以及使用时长占比。图 8-2 所示为 2018 年中国短视频 App 下载量排行榜，来自七麦研究院《2018 年短视频 App 行业分析报告》。

2018 年中国短视频 App 下载量排行榜 Top20 (iOS)

排名	名称	开发商	排名	名称	开发商
1	抖音短视频	字节跳动	11	微视	腾讯
2	快手	快手	12	梨视频	北京微然
3	美拍	美图	13	蛙趣视频	智源慧杰
4	VUE	VUE	14	闪咖	腾讯
5	西瓜视频	字节跳动	15	开眼 Eyepetizer	Eyepetizer
6	土豆视频	上海全土豆	16	FOOTAGE	VUE
7	火山小视频	字节跳动	17	足记	足记
8	秒拍	炫一下	18	咪咕圈圈	咪咕动漫
9	腾讯NOW直播	腾讯	19	快视频	光锐恒宇
10	小咖秀短视频	炫一下	20	超能界	星炫科技

2018 年中国短视频 App 下载量排行榜 Top20 (安卓)

排名	名称	开发商	排名	名称	开发商
1	快手	快手	11	小咖秀短视频	炫一下
2	西瓜视频	字节跳动	12	VUE	VUE
3	土豆视频	上海全土豆	13	微视	腾讯
4	火山小视频	字节跳动	14	蛙趣视频	智源慧杰
5	抖音短视频	字节跳动	15	梨视频	北京微然
6	美拍	美图	16	榴莲	百度
7	秒拍	炫一下	17	开眼	Eyepetizer
8	腾讯NOW直播	腾讯	18	看点	上海亚协
9	咪咕圈圈	咪咕动漫	19	有料短视频	百度
10	快视频	光锐恒宇	20	两三分钟	分钟时代

图 8-2

8.2 优化发布渠道

优化发布渠道

优化发布渠道可以更好地提升视频播放量，其具体表现在精编短视频标题、精编标签和描述精选短视频缩略图以及占据优质资源位这4个方面。

8.2.1 精编短视频标题

短视频的文字编辑十分重要，其中好的标题会最先打动用户。因此短视频的标题要具有吸引力，并且要精准地进行分类，起到画龙点睛的作用，这样才更利于吸引用户观看。有时好的标题甚至会成为热点词，从而提高点击率。图8-3所示的内容是在火山小视频发布的短视频的标题，此短视频根据标题将被归类于美食类型。

图8-3

8.2.2 精编标签和描述

短视频的标签需要易于搜索，且要形成自身特色，这样才能方便用户记忆，甚至产生联想记忆。而描述需要契合短视频风格，并且要简短易读，能够引起用户共鸣。如图8-4所示，抖音短视频用户发布视频的标签采用了经典电影《大话西游》，并且描述时使用了疑问句，能够引起用户互动。

图8-4

8.2.3　精选短视频缩略图

短视频的缩略图即短视频的首页封面。短视频缩略图是用户对短视频的第一印象，也是吸引更多用户观看短视频的重要途径，所以缩略图的选择和设计至关重要。通常缩略图可挑选短视频中的高清截图。图 8-5 所示为在西瓜视频发布的短视频的缩略图。

图 8-5

8.2.4　占据优质资源位

短视频想要吸引更多用户观看，一定要争取到优质资源位。想要占据优质资源位就要先熟悉平台规则，还要使用一些额外的技巧，如和短视频热门团队的视频发布时间错开，这样可以争取到更多占据优质资源位的机会。图 8-6 所示为在西瓜视频中占据优质资源位置的短视频。

图 8-6

8.3 多种方式推广

短视频可以通过多种方式进行推广，其中重要的推广方式有多种渠道转发、撰写软文传播、竞价付费推广、蹭取热度推广、相关活动推广以及互相合作导流，如图 8-7 所示。

多种渠道转发	撰写软文传播	竞价付费推广	蹭取热度推广	相关活动推广	互相合作导流
运用贴吧、知乎以及社群等渠道进行短视频转发	针对短视频进行优质的软文撰写然后进行传播	类似微博的粉丝通以及抖音的 DOU+ 等提供了付费推广渠道	将短视频内容借助相关热点，进行推广	通过线下地推以及活动抽奖等进行推广	与自媒体人合作，进行用户导流

图 8-7

8.4 融合不同形式

短视频的推广可以融合不同形式，增加与用户的互动，使用户对短视频产生深刻印象。常见的融合形式有短视频 + 直播、短视频 + 自媒体、短视频 + 电商、短视频 + 跨界、短视频 +AR、短视频 +VR 以及短视频 +H5 等。

8.5 监控推广效果

进行实时监控推广效果时，我们可以将重要数据制作成表格或直接使用数据分析工具进行观察。建议大家持续观察短视频的播放量、评论量以及转发量等关键指标数据，以便及时调整短视频的相关内容、发布时间以及发布频率等，逐步提升流量，如图 8-8 所示。

固有数据	发布时间、视频时长、发布渠道等
基础数据	播放量、评论量、点赞量、转发量、收藏量等
关键比率	评论率、点赞率、转发率、收藏率、完播率等

图 8-8